后浪出版公司

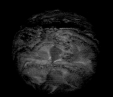 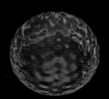 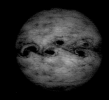 

地　球

星 际 视 野 下 的 地 球 脉 动

［英］尼古拉斯·奇塔姆 著

克留 译

江西人民出版社
Jiangxi People's Publishing House
全国百佳出版社

图书在版编目（CIP）数据

地球 / (英) 尼古拉斯·奇塔姆著 ; 克留译. -- 南昌 : 江西人民出版社, 2017.6

ISBN 978-7-210-08803-5

Ⅰ.①地… Ⅱ.①尼… ②克… Ⅲ.①地球—普及读物 Ⅳ.①P183-49

中国版本图书馆CIP数据核字(2016)第230302号

EARTH: A NEW PERSPECTIVE BY NICOLAS CHEETHAM

Copyright © Smith-Davies Publishing Ltd 2005

This edition arranged with Quercus Editions Limited through BIG APPLE AGENCY, INC., LABUAN, MALAYSIA.

Simplified Chinese edition copyright:

2017 Ginkgo (Beijing) Book Co., Ltd.

All rights reserved.

本书简体中文版授权银杏树下（北京）图书有限责任公司出版。

版权登记号：14-2016-0141

地球

著者：［英］尼古拉斯·奇塔姆　译者：克留　责任编辑：王华　胡小丽

出版发行：江西人民出版社　印刷：北京利丰雅高长城印刷有限公司

889 毫米 × 1194 毫米　1/12　16 印张　字数 230 千字

2017 年 6 月第 1 版　2017 年 6 月第 1 次印刷

ISBN 978-7-210-08803-5

定价：138.00 元

赣版权登字 -01-2016-615

后浪出版咨询(北京)有限责任公司常年法律顾问：北京大成律师事务所
周天晖 copyright@hinabook.com

目 录

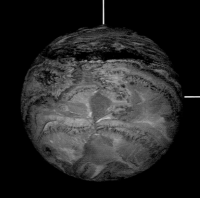

水

大洋, 海, 河流,
湿地, 湖泊, 水库, 冰川,
冰原, 冰山, 流

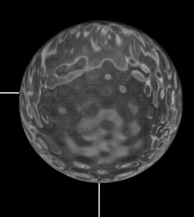

火

火山, 陨星坑, 野火,
人为环境污染, 城市,
农业, 矿物

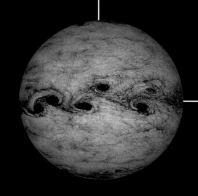

风

大气层, 云, 气象,
飓风, 沙丘, 沙暴, 极光,
臭氧层空洞

从这儿开始看

通过一个方圆 13 万亿千米的星际视野，我们已然可以从地球上看到宇宙的深处。超越狭窄的可见光波段，我们发现维系宇宙边界的只是一些遥远的空间与时间：我们考察过外星地貌，一瞥阴燃着的初生恒星，目睹特超巨星的死亡，揭开黑洞的神秘面纱，见证星系间的迎头撞击，并且绘制出宇宙大爆炸后的余晖。但是当我们放下注视天空的目光，从天际间回望地球时，我们看到的又会是什么呢？

在内心深处，我们对于地球的印象是直观且难忘的：一颗点缀着朵朵白云的脆弱蓝星，在无尽的夜空中独自运行着。这颗标志性的"蓝色弹珠"或许是 20 世纪最令人印象深刻的图像。作为阿波罗计划的重要遗产之一，在距离地球 4.5 万千米的登月途中，它记录下了人类首次看到自己整个家园的这一刻。

30 年后的今天，地球近地轨道上已集结了成群结队的探测器——这个曾经无法被看到全貌的行星正在被密集地观测着。在地球上空仅 360km 的轨道上，国际空间站已经成为了我们在宇宙中的永久观察哨。在绕地球飞行一圈（约 92 分钟）的时间里，它掌握了这颗星球天际的全景图像，跨度达到了 3000km。还有更多的卫星栖息在更高的轨道上，例如地球资源卫星、气象卫星、地球观测系统（EOS）和静止环境观测卫星等。它们上面布满了各种电子眼和拥有相同缩写的传感器，将来自遥远宇宙的讯息送达我们的行星家园。

正如宇宙空间中所蕴含的能量总和远远超过肉眼可见的部分一样，地球上的能量亦是如此。在可见光以外的波段上，我们看到了这颗蓝色星球不为人知的一面。伽马射线和 X 光射线为外层大气罩上了一层辉光，天空中闪耀着由惰性气体产生的紫外线辐射，绿色的大地闪耀着由植被反射而出的红外线，裸露的地表则反射出更长波长的辐射。

为了记录这些隐秘世界的图像，光谱辐射计、合成孔径雷达等一系列专业设备竞相登场。它们每天都在扫描地球——探测大陆、海洋和空气，同时不知疲倦地带回各自的收获。在 705km 高的轨道上，美国陆地卫星 Landsat 7 每 16 天就能够完成一次全球扫描。这些宽 183km、长 170km 的图片，将整个陆地地块分解成 57784 幅图景。增强型主题测绘仪（以下简称 ETM+）是一种在可见光及近红外波段附近范围内观测地球辐射的首选仪器。它所拍摄的每张照片的文件大小为 3.8G，其含有的信息量相当于 15 套百科全书（以每套 29 卷计）。与此同时，美国航空航天局（以下简称 NASA）发射的泰若（Terra）卫星搭载的众多仪器——对流层污染测量仪（MOPITT）、先进星载热辐射与反射辐射计（ASTER）、中分辨率成像光谱仪（MODIS）、多角度成像光谱仪（MISR）、云与地球辐射能量系统测量仪（CERES）——每天都会向地面传回 TB 量级的数据，这样的信息量相当于 22 万套百科全书！

到达地面之后，这些海量的原始数据会经过计算机软件的筛选和细化，其中重要的精确数据会以图片的形式呈现出来。最终生成的图像拥有一种抽象的异域之美：一个个像素呈现出的尺度，一条条色带显示出的之前在不可见波段难以呈现的颜色，都是信息时代独有的风景。

卫星所搭载的"全视眼"为我们设立了一条统一了美学与实用性的准绳，由此，我们便可以一探山脉的奥秘，见证城市被沙尘或密林所吞噬，俯瞰风暴眼与火山口，亦可以目击森林的消失与冰盖的消融。这些探测器如此灵敏，甚至可以帮助我们用地面波来获取海床的起伏，也可以探测大陆在雨季时因

左图：最佳的视野？从地表上空 360km 处获得的横跨 3000km 的广阔图景。

承载额外重量的水而下沉的情况。然而更重要的是，这些卫星探测数据为我们勾勒出了一颗活生生的行星——它拥有自己的呼吸、心跳——然而我们只缘身在此境中，难以有真切的体会，亦如我们并不能时刻感受到自己的心跳。苏格拉底在大约2500年前曾说过："人类只有登上云端，才能够真切地感受其所在的世界。"为读者呈现这个"云端之上"的视角，正是本书的主旨所在。

为了追求这一全新的行星视角，本书的全部内容将被分割成几个部分，并且会在各个大陆或半球之间快速切换，就如同我们的卫星能够轻易地在电磁波谱中选择波段一样。既然已有一位古希腊先哲给了我们上升至"云端之上"的启迪，我们不妨就此更进一步。从太空中看，土、水和气体是我们星球最主要的三种组成成分，这也与2000年前的另一位古希腊先哲恩培多克勒所提出的四种基本元素之中的三种相契合。本书就以这样的古代世界观为基础进行了章节的安排。现代科学的发达并不妨碍我们以此进行分类，并对它们有更为深入的理解。说到恩培多克勒的第四种元素"火"，似乎在我们出现之前，它并未在这颗蓝色星球上出现过。但这是一种误解。地球浴火而生，地核至今仍旧如炼狱一般燃烧着。所以本书的最后一章就以"火"为专题，不仅收录了火山、陨星坑这样的自然之火，也收录了那些由于人类活动而发生的"火"。穿越千年的历史，我们将在埃特纳火山与"四大元素"再次相逢。

土

我们的调查始于晴朗条件下对地球进行的观测，这一过程持续了四个月的时间。这些照片是由NASA的中分辨率成像光谱仪（MODIS）所拍摄的。这个地球看起来如此眼熟，人类几千年的历史舞台就是在这些大陆与海洋上展开的——而如今的陆地与海洋的形态只不过是漫长地质演化过程中的一瞬。它们只存在了不超过400万年的时间，还不足地球寿命的0.01%。

让我们把视角拉近一些，更多的往事会由此浮现。地球45.7亿年的漫长历史可以经由散布在地壳上的多种岩石纹理进行重构——在那些地方，层层叠叠的沉积层用自己的方式书写着地球的编年史。

地质学家试图通过分析岩石来破解地球历史的密码。然而几个世纪以来，他们的收获却寥寥无几。伴随着地质锤的叮当敲击，硬砂岩、辉长岩和片麻岩等岩石被成功地描述、分类，但是地质学却无法洞悉更多的奥秘：我们可以读到这部地球史的全部内容，但却无法明白其中每个字的含义。

直到最近的40年，我们才对这些扭曲的岩石有了更加深刻的认识。解读这部地球史的关键，正是被誉为地质界统一理论的板块构造学说。正如所有优秀的理论那样，板块构造学说可以完美且精妙地解读所有地质学现象的起源和信息——从高山的升起到深海的形成。这一理论的形成对于科学的革命性影响，不亚于哥白尼在那个年代提出日心说而对天文学造成的冲击。实际上，板块构造学说与日心说恰恰是我们从两个方面来认识地球演化的重要突破。

概括地说，板块构造学说提出：薄薄的地壳（或岩石圈）是漂浮在地幔上的，并且分裂为了15块碎片（即板块），每个板块都可以自由活动，并且有三种与相邻板块互动的模式：汇聚（两个板块共同挤压另一个板块）、背离（两个板块互相远离彼此）、转换（两个板块互相滑过）。这几种简单的模式引出了几乎所有的地质学关系：汇聚型板块堆起高山，引爆火山，并挖出深深的海沟；背离型板块创造大洋中脊，最终，新的大洋得以形成；转换型板块则制造地震。学界认为，所有这些活动的能量来源都来自地核——一个居于地球核心位置、直径约为8km的铀质金属球。一连串核裂变反应喷发出的热量驱动着众多的地幔对流圈，它们舔舐着脆弱的岩石圈，并为板块移动提供动力。

一轮又一轮的构造为岩石圈带来了生气——所谓的岩石也不是一成不变的。在空间轨道上，我们拥有最完美的欣赏视角：在硝烟弥漫的板块构造之战中，茫茫群山位于战斗的第一线；在反方向的海岸附近则矗立着大量走失已久的山丘，诉说着它们曾经作为盘古大陆或古冈瓦纳大陆的光荣历史。

作为历经10亿年的构造与侵蚀之战的老兵，前寒武纪花岗岩在大陆中间簇成一团；在战争中阵亡的火山火成岩化石覆盖在荒漠之上。这幅生机勃勃的地质画卷是地球上独有的风景，太阳系其他成员的构造系统早已停滞。

在利用板块构造获知行星过去的同时，我们还可以推断行星的未来：非洲将进一步逼近地中海，并将从加迪斯到卡拉奇一带的沉积岩中构造出一连串山峰；当南极洲一寸一寸地努力想要与澳洲复合的时候，澳洲大陆却即将投入东南亚的怀抱；在海床的诞生改变海洋之后，以及在它自己开始闭拢之前，为大西洋的继续膨胀买单的是太平洋的日益萎缩。距今2500万年前，板块构造的轮回把所有的大陆重新聚集在一起。这一过程和把盘古大陆分开所花费的时间一样长。

但是构造的雕琢只是决定地球景观的一部分因素；为了讲清事情的来龙去脉，我们需要了解更多。

水

阿瑟·克拉克（《2001 太空漫游》的作者，著名科幻小说家。——译者注）曾经感叹道："我们将自己居住的行星命名为地球是多么不恰当，相反，我们应该称其为水球。"

地球的水圈是整个太阳系的奇迹。1.36 亿立方千米的水重达百万兆吨，覆盖了地球 70% 以上的表面。不考虑地形的因素，将这些水均匀地覆盖在地球表面，平均水深将达到 2500m。据我们目前所知，还未有任何星球的表面拥有如此巨量的液态水。即使有的行星表面下储藏着水，其储量也无法与地球相比。最近的试验结果表明，在我们地球的地表之下，还储存着相当于地表水总量 5 到 10 倍的水。

水是如此的普遍，以至于我们常常会忽视它神奇的特性。首先，它是唯一一种能够在自然界中以三种物态——固态、液态、气态——共存的物质。其次，固态水的密度要小于液态水，这与我们关于物态变化的基本常识相违背。正是由于具备了这些难以察觉却又非常重要的特征，水才能够在地球生物的起源、进化和生存各个方面扮演极为重要的角色。毫无疑问，没有水，我们的地球将不再适宜居住：海王星充满甲烷的天空或许也可以落下钻石雨，但是就生命而言，地球降水带来的 H_2O 是更为宝贵的恩赐。

水是地球最为古老的特征。38 亿年以前，地球上就出现了水。但是对于水的来源，至今仍旧存在争论。传统观点认为，水只是由火山喷发出的蒸汽冷凝而成的。最近更多的猜测则认为地球上的一部分水来自于冰冻的彗星碎块。水的脉络——江河湖海——并非那么古老，它们伴随着板块构造而出现。

然而，水确实是地球最为古老的地质特征。位于澳大利亚中部的芬克河，以 4 亿年的年龄成为了世界上最古老的河流。令人感到惊奇的是，河流这种看似短暂的存在——如同赫拉克利特（另一位希腊先哲）曾说过的"人无法两次踏进同一条河流"——其形成的时间却要早于大部分山脉。河流长寿的原因在于它一旦形成就不会受到板块活动的进一步干扰。河流可以侵蚀掉任何挡在路上的障碍物。科罗拉多河花了 20 亿年的时间，在 1600m 的岩石上侵蚀出河道；与此同时，雅鲁藏布江正在喜马拉雅山间穿凿。

相较之下，海洋则完全受到板块构造的支配。最古老的海床，其年龄也只有 2 亿年——这是因为构成海床的岩石其实存在着一个固定的循环，岩石在大洋中脊生成的速率和岩石在海洋边缘的海沟处消失的速率恰巧相等（海底扩张学说）。一些更小的水体，例如内海和湖泊，不单对地震极其敏感，还很容易受气候变化的支配。受到这些因素的制约，它们的寿命往往极为短暂：这类水系中最为古老的就是俄罗斯的贝加尔湖，它有 2500 万年的历史。

所以就让我们围绕地球的水圈进行一次环球旅行吧。我们并不需要去关注尼罗河的源头，或是尼日尔河流经的路线。因为两千年来，欧洲的地理学家已经做过太多的相关工作。如今我们从外层空间轨道向下望去，整条河流——经过高地奔流入大海——可以完整地铺展在我们眼前。我们可以追随着亚马孙河自安第斯山源头到大西洋河口的日夜奔流，并为它巨大的入海径流量——每秒钟 18.4 万立方米——而赞叹。这会一直持续，直到安第斯山崩塌为止。我们可以目击咸海的衰退：搁浅的船队就像一群死亡鱼类的骨骼，躺在距离曾经的海岸线 60 千米的地方。我们可以通过热辐射追踪温暖的洋流：从温暖的热带一路流向欧洲，将相当于数以百万计发电厂所产生的能量输送给欧洲北部海岸。

讨论水圈，我们就不能绕开地球上最高的一些山峰以及南北两极。在这里，我们将会遭遇到水最为令人颤栗的状态——冰。在仅仅 1.8 万年前，地球表面三分之一的面积都还覆盖着冰。但是随着全球变暖，冰盖在融化，冰川则仿佛受到了惊吓的野兽，快速地向高山退隐。但是气温如此剧烈的波动只是地球最近 4000 万年中为期 4 万年左右的常规周期。冰川活动周而复始，仿佛因果不爽。接下来，我们将在大气层继续我们的旅程。

气

地球大气层的主要构成经历了三种类型。

最为原始的大气层主要是由通过凝积作用而产生的两种气体——氦气和氢气构成的。在当时仍旧炽热的世界里，这种大气层很快就被蒸发到了外太空。

随着地球的慢慢冷却，一层由二氧化碳、水蒸气和氮气组成的大气开始覆盖地球。这些物质主要是由火山喷发出的气体汇聚而成（还有可能是偶尔路过的彗星带来的）。

到目前为止，大气层中只差氧气了。其实如今大气层中上千万亿吨的氧气，只不过是 33 亿年间生物不断排出的代谢产物。地球上居住的第一批生物是以光合作用来维持生命的。它们以二氧化碳、水和阳光为原料，合成葡萄糖和氧气。葡萄糖用来为自身提供养分，氧气则作为新陈代谢的废料被排放到环境中。在这些光养生物看来，氧气在大气层中的积累就好像一种生态破坏。这种"有毒"且易燃的化学物质在大气中大量

左图：航天飞机掠过利比亚撒哈拉沙漠上空。这里的地貌仿佛火星一般。在荒漠中破土而出的是杰布乌内特与杰布阿克努山脉——两个被严重侵蚀的死火山基座。

积累，并一直存在到今天。当氧气达到一定的浓度以后，对最初的"污染制造者"来说，这种情况就变成了无法逾越的难题。毫无克制地排放氧气最终使这些生物吞下了自己播种的苦果。生态的崩溃，造成了地球历史上的第一次物种大灭绝。我们可以一边注视着臭氧层空洞，一边思考这个故事。

大气层构成了地球的一层保护壳。它将地球与严酷的外层空间隔离开，并阻止多种电磁辐射的入射。大气层对光线的漫反射为天空罩上了与众不同的湛蓝，与此同时，它还在吸收各类高能射线，默默地为生物圈提供保护。大气与水体之间的联系非常紧密，因此，科学家们更多地把它们当做一个系统来研究。水圈的研究范围甚至超越了高耸的冰峰，直抵大气层。实际上，只有一小部分水圈与大气层产生了融合——云和水蒸气只占水圈总质量的 0.001%——但正是这 0.001% 成为了最活跃的因素。用我们的肉眼观察，大气层是一个巨大且无形的世界，只有冷凝的云彩才能够透露一些关于这个世界的秘密。但是在红外光视角下，即使是最小的一片云彩也包含着剧烈的对流。在阳光的搅拌下，剧烈的热对流使水在气态和液态间来回转换，周而复始。从最和煦的微风到最暴虐的风暴，这种能量交换是所有大气现象的根本动力。

很多剧烈的天气现象最终都会释放出惊人的能量：雷雨云可以将 50 万吨水蒸气汲取到 15km 的高空，这一过程所释放的能量可以为 10 万人口的城市供电一个月。飓风、台风，以及气旋在本质上就是一些热力引擎，它们游弋在温暖的热带海域，每时每刻都在汲取巨大的能量。当厄尔尼诺现象盛行的时候，它可以将大量的能量释放到大气层中，大到足以减慢地球的自转速度。

但即使拥有如此巨大的能量，大气层（如同水圈那样）也不能幸免于板块构造所带来的影响。高耸在一个特定地点的山脉可以打断大气层中的盛行风循环，或者能迫使云层释放大量的水；而在极地地区缓慢汇聚的大陆则可以将大量的阳光反射回太空，从而使大气层冷却下来，并引发一次冰期的到来。但是地球大气层、水圈以及岩石圈之间的联系非常紧密。板块构造负责制造各类高耸崎岖的地形，而各类水、冰川和风的侵蚀作用则负责把这些奇怪的地形削平、磨光。构造越活跃，侵蚀也就越剧烈。

在地球轨道上，我们可以俯瞰这个混沌的王国：为云分门别类、守望裹挟着雷电的暴雨、探查聚集于山峰之间的涡流气旋、追踪沙尘在大风的鼓动下跨海越洋的迁移。

火

它是我们这颗行星上最后的函数，是地球不可分割的一部分。火为岩石、空气和水的运动带来灵魂。

大气层、水圈和岩石圈的总和，仅仅是包裹在岩石地幔和金属质地核外面薄薄的一层。地球核心的温度超过 4700℃——相当于太阳表面的温度，其压力相当于地球表面气压的 300 万倍。在这些地狱般的深渊里，我们可以感受到地球真正的质感。这里是地质构造力永不枯竭的源泉，是塑造地表形态的能量来源。

也许我们永远也无法真正抵达这个地下世界，但是我们却有一个得天独厚的窗口：火山。我们的空间轨道探测能够追踪全球的构造带边缘，尤其是那些经过深度碰撞并使火山形成的板块活动。这些奔流的岩浆和活跃的火山提醒我们，地球仍旧年富力强。我们同样关注小行星撞击，这将带我们进入更加古老的过去。彼时，地球仍未形成，它还在太阳形成后的残渣中努力合成。陨石的轰击和火山的活动共同构筑了这个世界，并且仍旧握有改变世界的力量。

来自地球与地外的力量一遍又一遍地重写历史，但是在最近的几千年中，地球又孕育出了另一股可能最终打败其他对手的力量。在大裂谷中诞生，在尼罗河、幼发拉底河与印度河的河床上成长、发展，它们是 30 亿年前开始改造地球的细菌的远支后裔，这股力量就是人类。

我们此次旅程的最后一站就是观测人类的繁衍和扩张：我们的农场、矿山和城市。借助一幅历经几个月的拍摄、最终拼接而成的卫星地图，我们又回到了最初的起点。呈现在我们面前的是一个进入夜晚的地球。在黑暗中，自然的地形被城市的万家灯火所取代。沿着海岸、河滨、铁路以及公路，地球仿佛镶上了一道金光：尼罗河发出幽幽的磷光、西伯利亚大铁路则织出了集合都市的网络。政治、经济状况得以通过这些灯光布局而曝光：石油精炼厂的火光在阿拉斯加的极地海岸熊熊燃烧；朝鲜境内的夜晚则笼罩在一片黑暗之中。只有自然环境最为恶劣的一些地区尚未被城市化染指，如喜马拉雅山、非洲荒漠、阿拉伯沙漠和南极洲。

然而，城市化正迈着坚定的步伐，席卷全球。在一些地区，许多城市正在融合，单个城市正在逐渐失去自身的边界，那些曾经将每个城市分隔开的田野，如今也成为了城市的一部分。就像火山喷发或小行星撞击都标志了地球历史进入了一个新的纪元，那么特大型城市的崛起也有可能预示着另一个新纪元的开启。

1

土

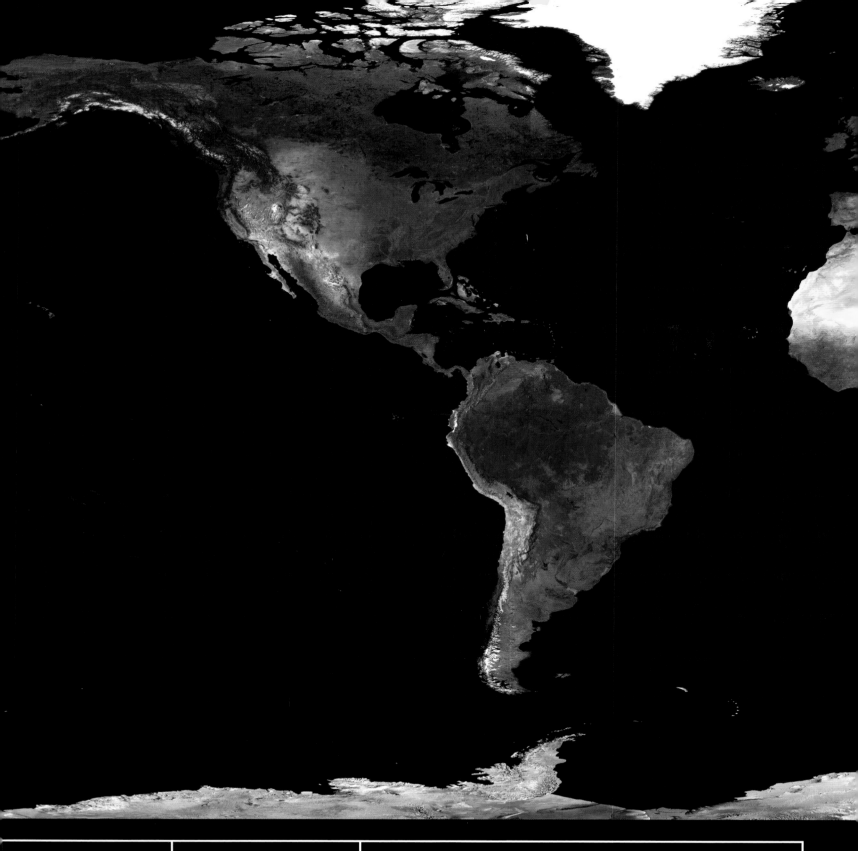

地球

历经 40 多亿年漫长的地质演化，在仿佛被一种无形的外力一遍遍地雕琢、撕扯、重写之后，地表如今已布满了残破的碎屑和补丁。只不过，就像漂浮在熔岩之海上的物体一样，这颗行星的地壳变化从未停止：大洋展开又萎缩、大陆碰撞又撕裂、大山升起又坍塌。

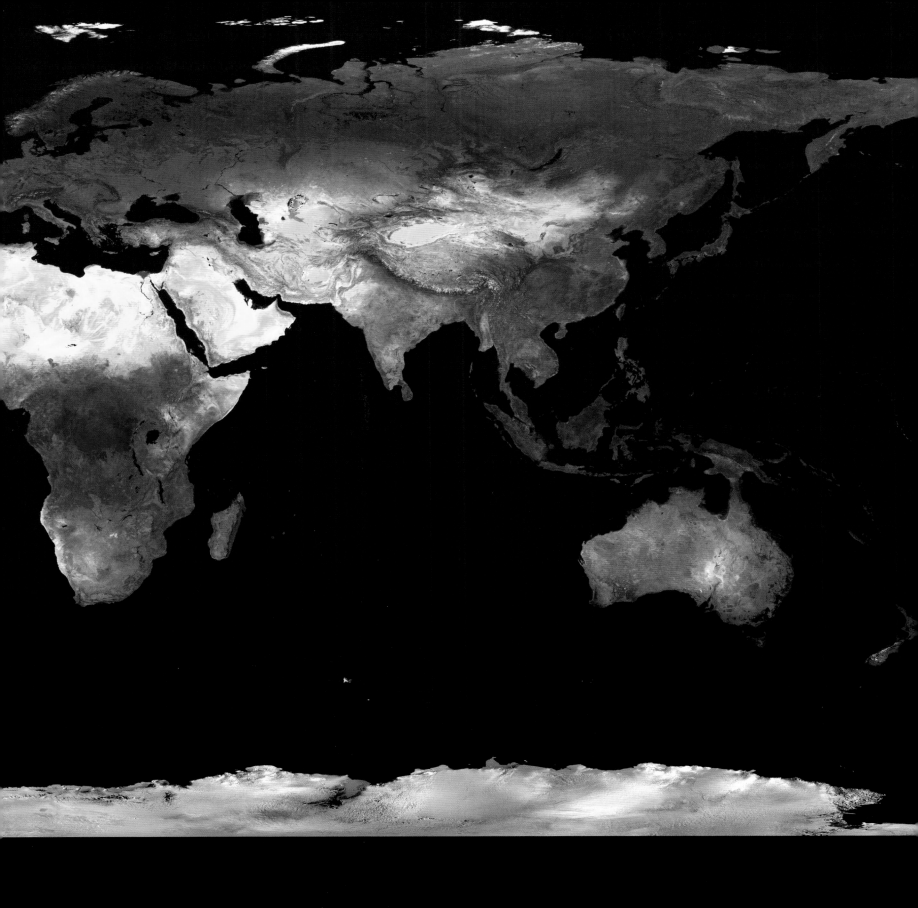

珠穆朗玛峰

尼泊尔 / 中国

沐浴在晨辉之中的珠穆朗玛峰，海拔 8844.43m。它是地球岩石圈的最高点。但是在海平面以下，最深的海沟在完全吞没珠穆朗玛峰之余，仍旧有足够的空间来容纳一个中等体量的山峰。总有一天，即使是受到侵蚀后的山体，也终将填满这样的深渊。这就是地壳的构造宿命。

大峡谷

美国亚利桑那州

透过这道深达 1.6km 的痕迹，大峡谷向我们展示了将近 20 亿年的地球地质史。随着科罗拉多河连续 200 万年的侵蚀，峡谷的岩壁上依次展现出了浅海、沼泽和沙漠的沉积纹路。这些都记录着它们在原古北美大陆上的进退。

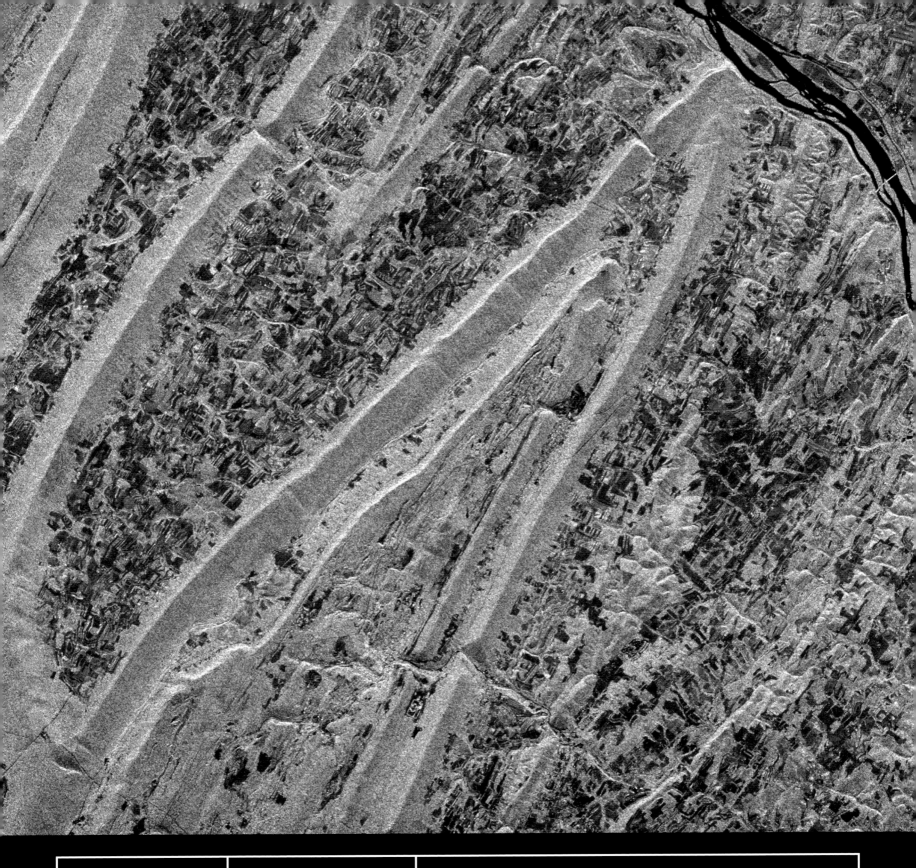

阿巴拉契亚

山脉

美国宾夕法尼亚州

阿巴拉契亚山脉蜿蜒曲折的脊线低声诉说着其饱经风蚀的历史，它曾一度与喜马拉雅山脉比肩齐高。4.5 亿年前，阿巴拉契亚山脉最初从赤道附近的浅海中崛起；自那之后，它历经了一系列的构造冲击，终于在 2.5 亿年前盘古大陆形成之时，完成了构造的历程。

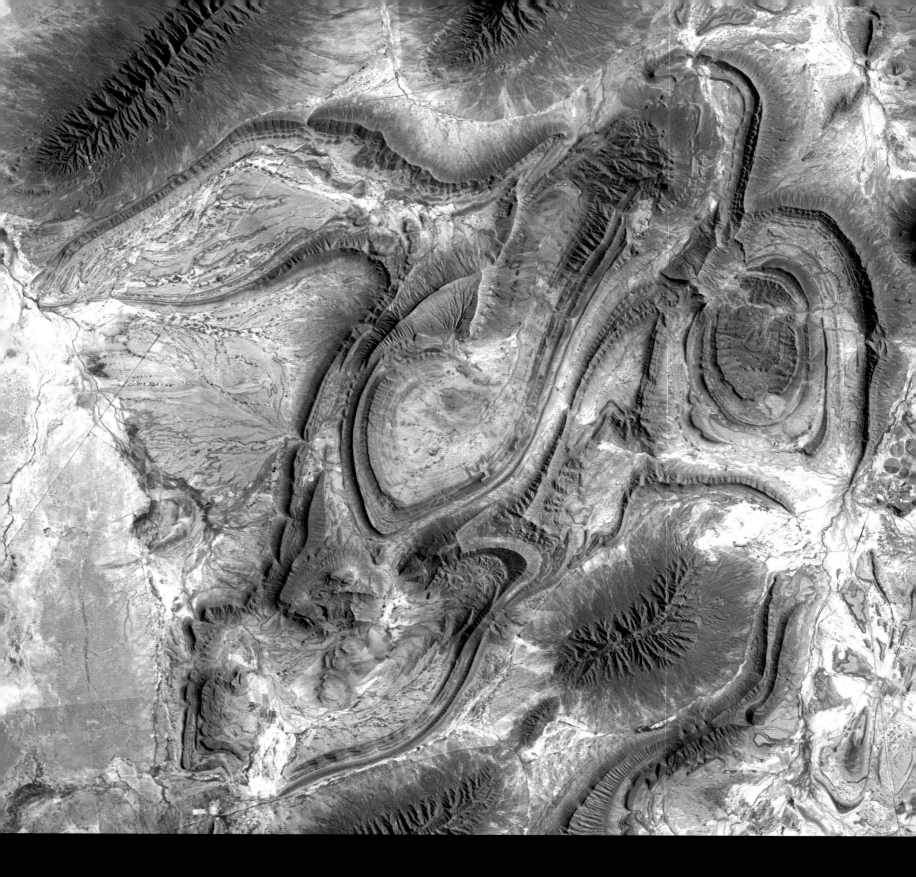

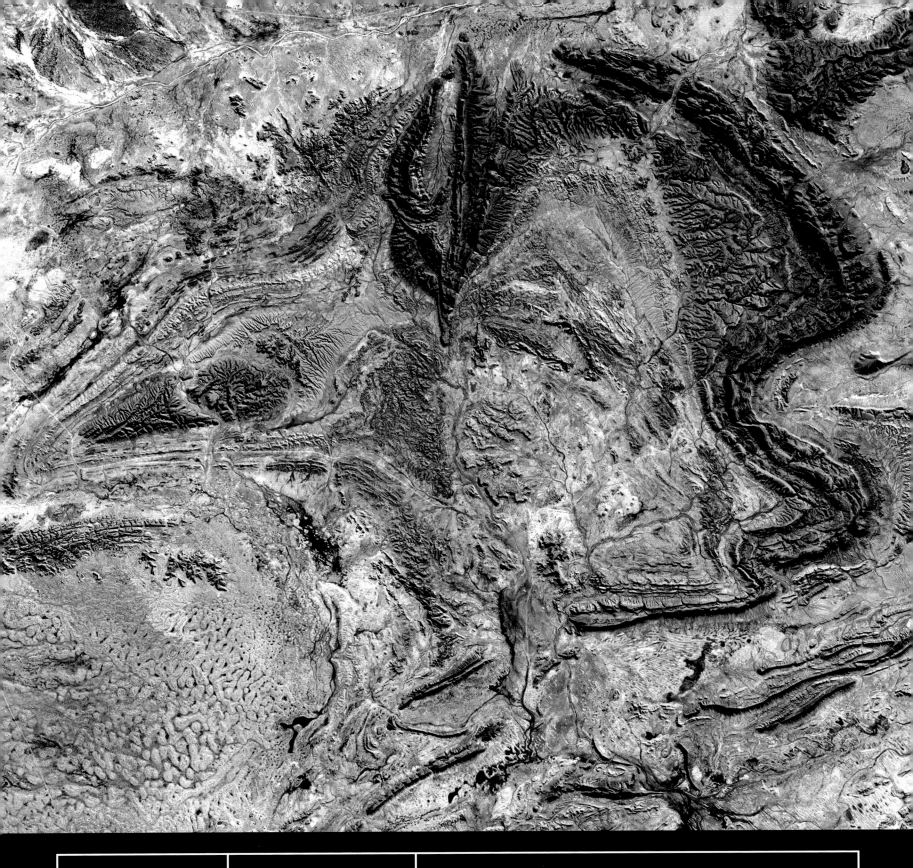

麦克唐奈尔

山脉

澳大利亚北领地

屹立在这块大陆的核心地带，麦克唐奈尔山脉看上去就像是对澳洲中部平原单调地貌的一种补偿。在方圆 640km 的区域内，它蜿蜒的岩石脊线如幽灵般在冈瓦纳高原上前行。经过万亿年的时光，最近一期的构造抬升将使整个山脉进入复活的新纪元。

峡湾

挪威

　　挪威险峻的海岸是从盘古大陆主体脱离出来的残余。冰河时期，这里经历了冰川扩张时的碾磨，而冰川消退后的融水又淹没了部分地区。1.8亿年前，它被迅速扩张的大西洋推离了原来所在的位置，并以指甲生长的速度缓慢向东移动。这一段欧洲海岸线曾经是遥远的阿巴拉契亚山脉的一部分。

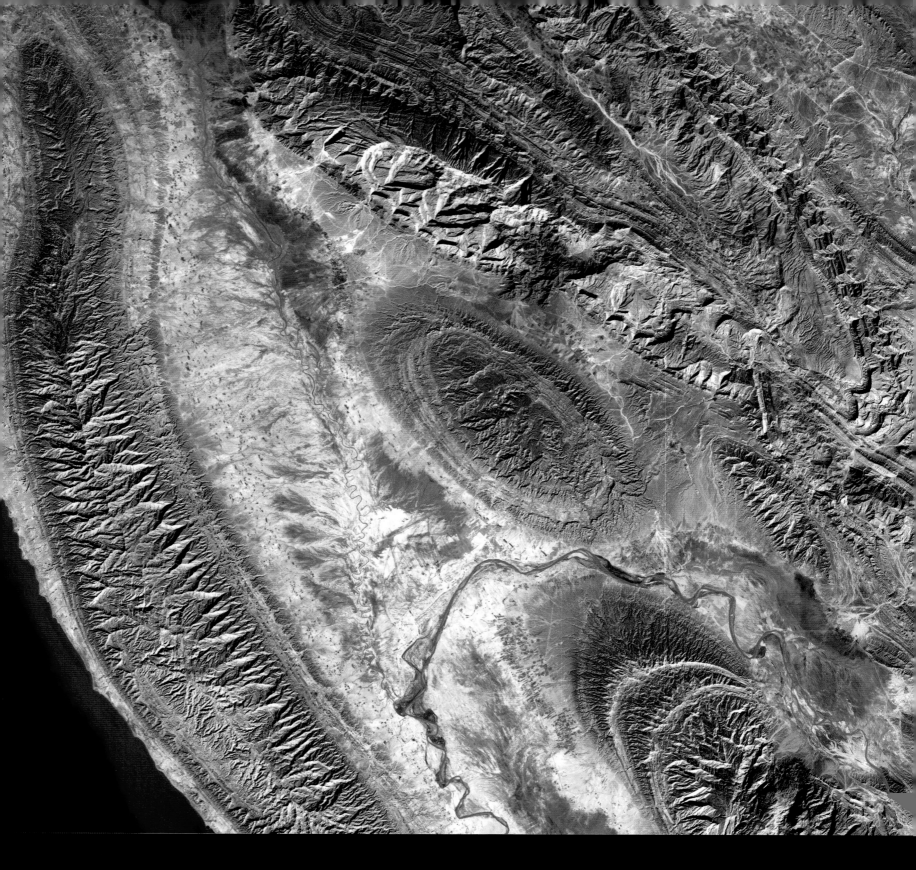

苏莱曼

山脉

巴基斯坦

在印度板块的剧烈撞击之下，苏莱曼山脉终于跻身亚洲山脉之林。但是这种造成板块剧烈运动的动力何来？地核在热核作用下被加热至4700℃，这些能量随后会进入地幔，为地幔对流圈提供强劲的动力。与此同时，后者则舔舐着脆弱的岩石圈，为大陆板块漂移提供能量。

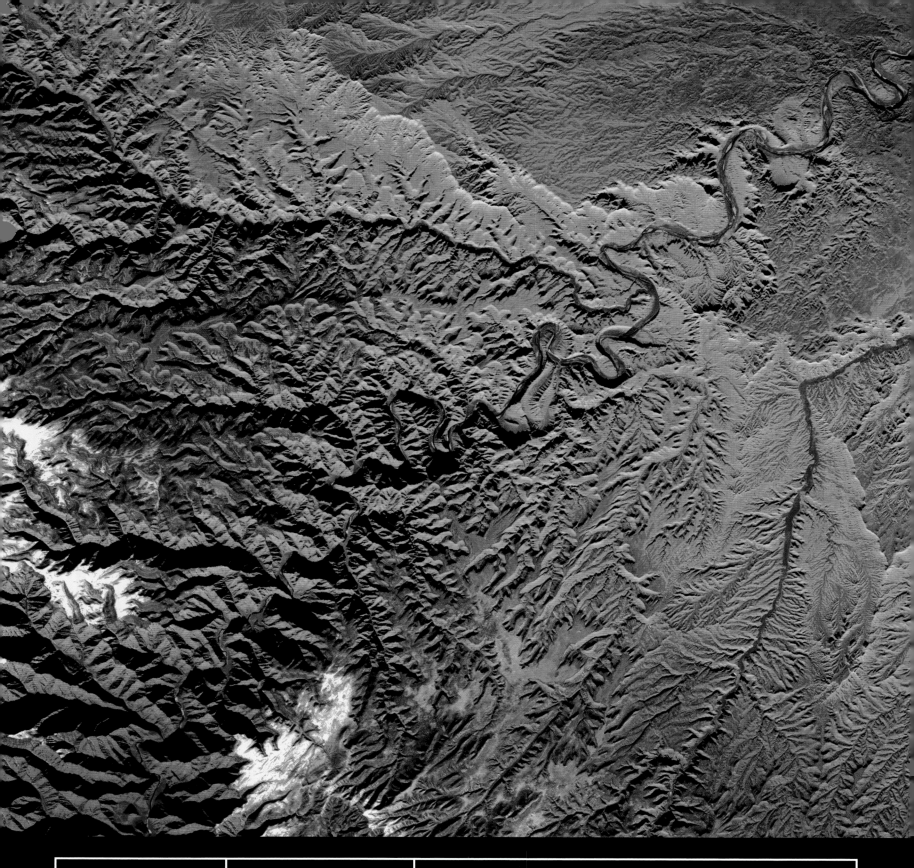

荒凉峡谷

美国犹他州

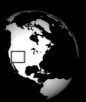

在犹他州荒凉峡谷的形成过程中，格林河与岩床之间的对抗令人叹为观止。格林河孜孜不倦地冲刷着岩床，以此对抗板块的抬升。终于，河水向下侵蚀的速度超过了地质构造抬升岩床的速度。故事的结局非常圆满：荒凉峡谷最终在深度上超越了科罗拉多大峡谷。

荒漠干谷

约旦

约旦东南部的不毛之地遍布着这种类似河床的沟壑。很显然，如今阿拉伯荒漠中昙花一现的降水，不足以冲刷出如此大量的河床。实际上，这些水系型是经由最后一次冰河期末期降水而生成的地貌活化石。

戈壁阿尔泰

山脉

蒙古国

剧烈的构造冲击造就了巍峨的喜马拉雅山和直耸入天空的青藏高原，这场冲击的余波一直扩散到中国与蒙古国交界的戈壁荒漠与丘陵草原地带。通过对这些山丘的详细勘察，我们可以勾勒出白垩纪时代生物的日常细节：在赤裸的砂岩下面隐藏着众多恐龙化石，它们诉说着自己曾经的繁荣。

卡维尔盐漠

伊朗

卡维尔盐漠狡猾地躲藏在群山叠嶂之间——它西抵扎格罗斯山脉，北达厄尔布尔山脉。横陈 600km 的盐沼流沙在此静候着粗心的赶路人。几个世纪以来，骆驼商队在这片无迹可寻的荒漠上，沿着两旁前人留下的累累骆骨，不畏艰险地踏出了丝绸之路。

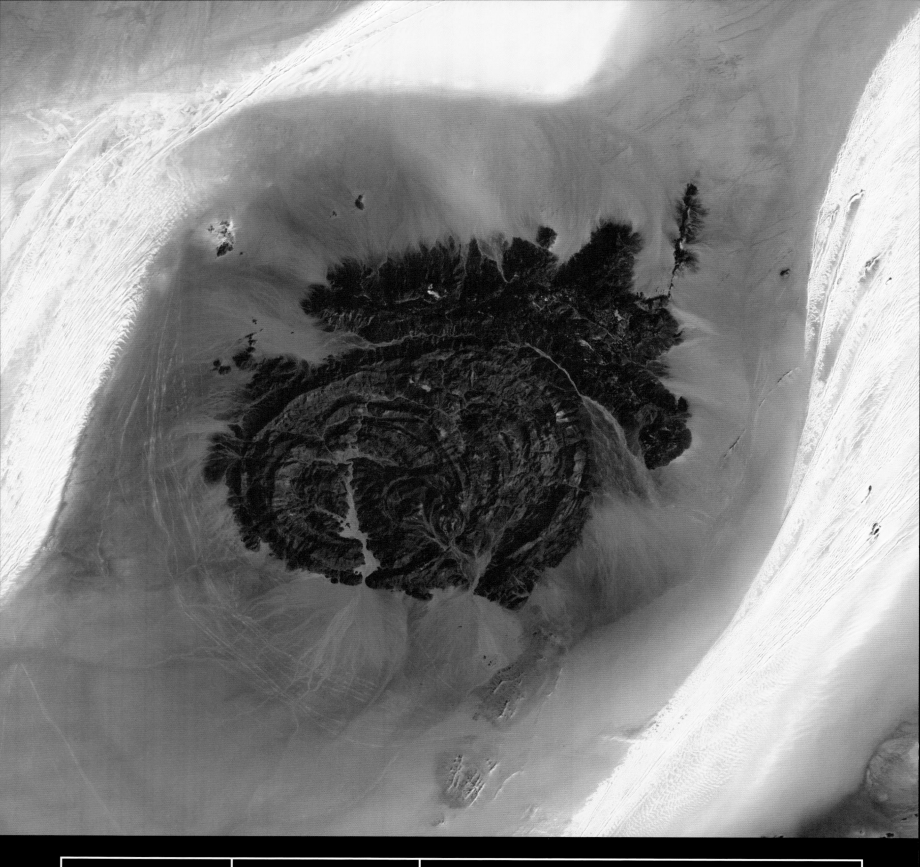

杰布阿赫达尔山

花岗岩侵入

利比亚

在沙丘的"灌溉"下,这朵巨大的花岗岩之花在荒漠中破土而出,一直升至 1440m 的高度。由此,一个延绵 25km 的多山高原便形成了。作为东撒哈拉众多优雅的"火成岩之花"之一,杰布阿赫达尔山是由大约 6000 万年前的一片渗出地壳的岩浆涌流冷却而成的。

布兰德贝格山

花岗岩侵入

纳米比亚

古冈瓦纳大陆的分裂和大西洋的诞生造就了这根直插地幔深处的巨大岩浆柱。1.2 亿年的地表侵蚀也未能完全磨灭它的印记——一个 2573m 高的花岗岩山体矗立在纳米布沙漠中，直指苍穹。周长为 90km 的黑色环形山脊是山体形成时被顶上来的周边地壳，它将整个周长为 90km 的花岗岩山体围在中间。

阿塔卡马

荒漠

智利

在安第斯山脉干燥的山峰遮蔽下，阿塔卡马荒漠成为了一个彻底的不毛之地。在一个世纪的时间里，这里下雨的次数屈指可数。这里的一部分地区甚至从未有过降水记录。了无生机的地表之下蕴藏着丰富的矿脉沉积。这些矿藏是阿塔卡马仅有的魅力。这里不仅富含金矿，还有丰富的铜、银和铂储量。

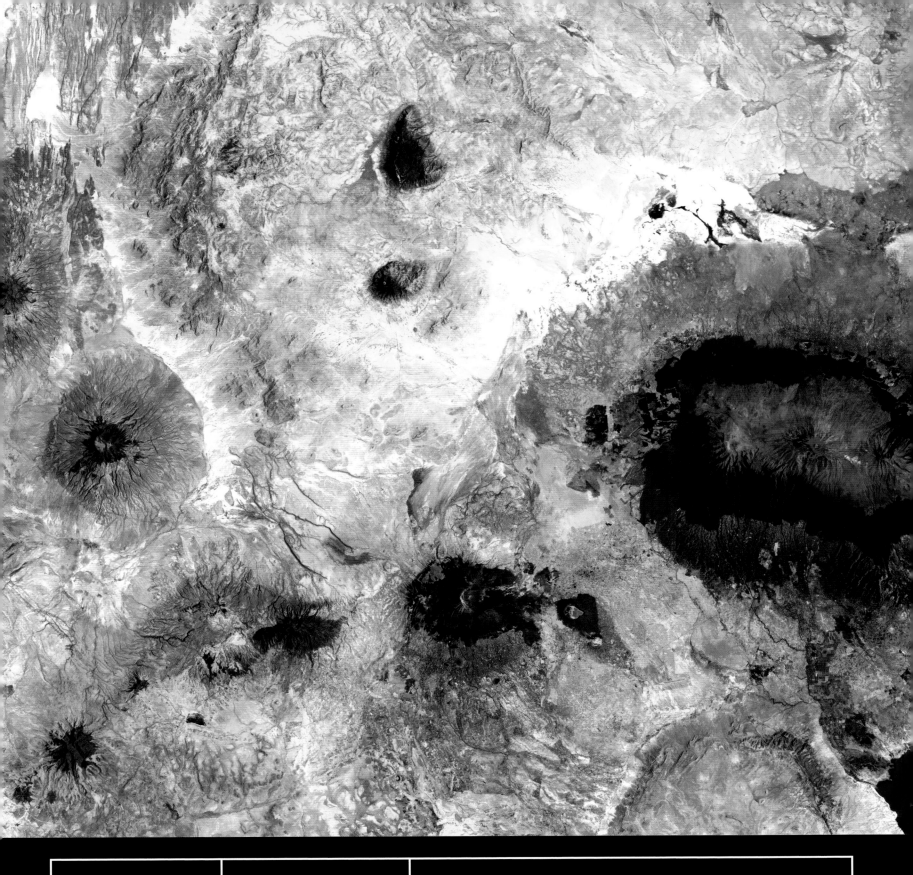

乞力马扎罗山

火山与裂谷

坦桑尼亚

乞力马扎罗山（图中右侧）及其众多的伴生山地是地幔涌流位于地表的破口——地幔涌流是一种从地球深处上涌的、极其炽热的岩浆柱。在最近的 1000 万年里，地幔涌流都在不停地熔化非洲板块，削弱地壳的坚固程度并且使这片大陆裂开了一个大口子——从莫桑比克直到埃塞俄比亚。如果这一构造活动持续发展下去，东非地区最终会脱离非洲大陆。

东非大裂谷

中东地区

　　从太空往下望去，这个由历经了 3500 万年的板块漂移所造成的撕裂局面，可以通过视觉上的联想缝合在一起。一条黑色的岩石带穿越埃及，绵延到西奈半岛和阿拉伯半岛。大地在这里被犁出了一条深深的沟壑，自亚喀巴湾（图右部海湾）向上一直延伸至死海。这就是东非大裂谷的北支。从莫桑比克到叙利亚，这条裂谷在地壳上划出了一条长达 6400km 的裂缝。

努比亚砂岩

利比亚

　　努比亚砂岩是一片横亘在奥巴里沙漠和迈尔祖格沙漠之间的黑色山脊。这片 1.5 亿年前就存在于提特斯海边的岩石，经风化之后便源源不断地向撒哈拉沙漠补充沙粒。在地下深处，这里隐藏着另一片海洋：来自冰川时代的融水浸满了这些多孔结构的岩石，其总储量大约有 10 万立方千米。

理查特结构

侵蚀特征

毛里塔尼亚

理查特山的嵌套状山脊既非陨星坑或熄灭已久的火山口，也不是巨大怪异的软体动物化石，它只是在缓慢的侵蚀作用下形成的一种特殊地貌。长时间地暴露在风沙中，质地坚硬的同心圆状变质岩留存了下来；而不那么坚硬的岩石则相继剥落。在毛里塔尼亚撒哈拉边缘地带，这一过程制造出了这个直径为 48km 的同心圆状涟漪。

乌加河

沉积岩

纳米比亚

　　如果我们把地球的地质史视为许多卷的皇皇巨著，那么在侵蚀作用的笔下，一层一层的沉积物最终被写入了海底的淤泥与沙子之中。在乌加河流域，构造活动沿着薄层状的石灰石、砂岩和粉砂岩的边缘，将它们推回地面，而之后它们又再次遭流水侵蚀。这整个过程周而复始地进行着。

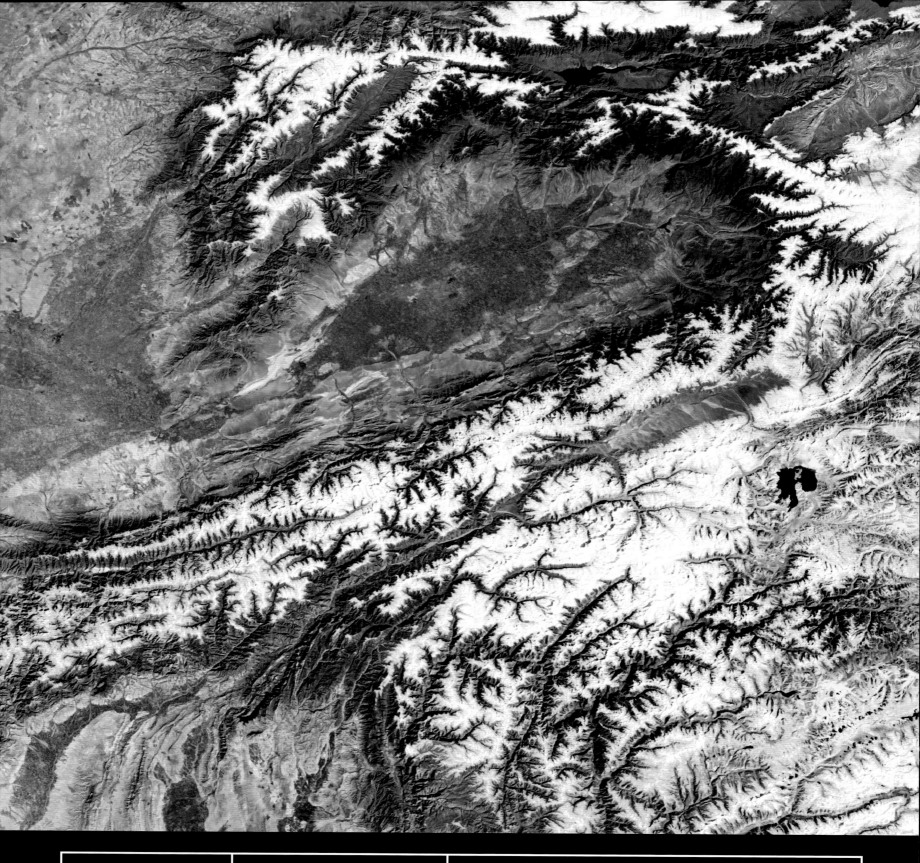

帕米尔高原

山脉

塔吉克斯坦 / 吉尔吉斯斯坦

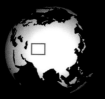

塔吉克斯坦和吉尔吉斯斯坦地区的崎岖山地，是经由喜马拉雅造山运动的余脉构造形成的。世界上最伟大的几条山脉都汇聚于此：中国的天山山脉向北延伸至此，喀喇昆仑山、昆仑山和兴都库什山脉向南向东延绵至此。它们在此融合纠缠，共同造就了帕米尔高原。

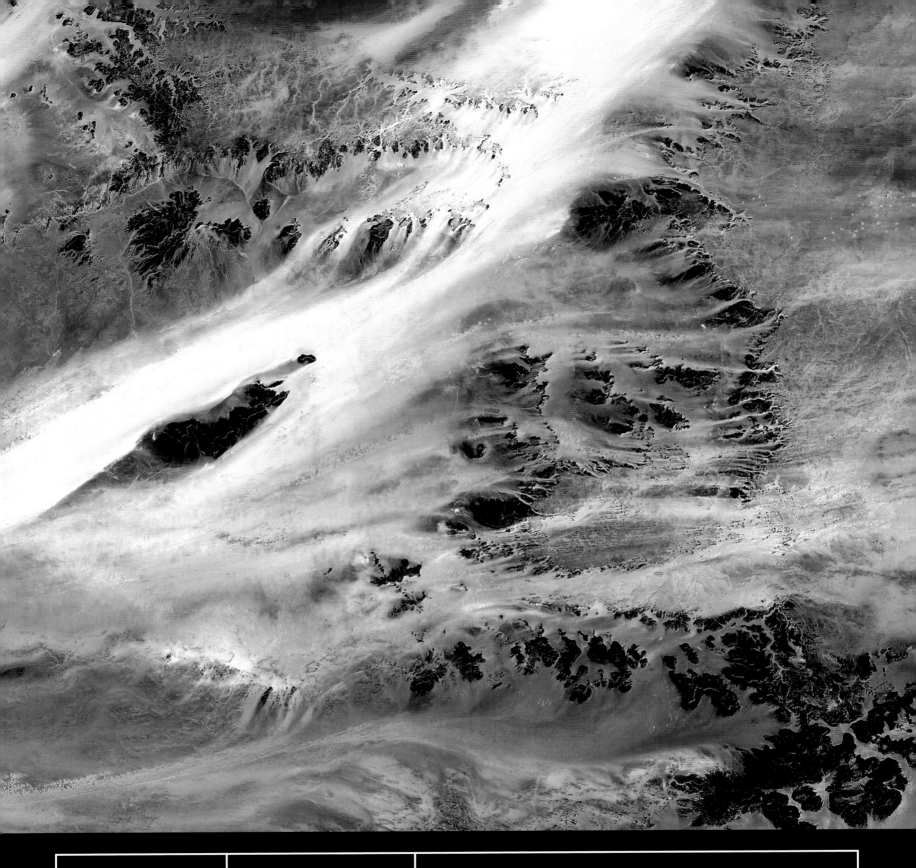

泰尔凯济绿洲

乍得

在利比亚与乍得边境地带，一条由沙粒组成的河流横卧在撒哈拉的岩石上。一望无际的荒漠看似是永恒的存在，实际上却并非如此。沙粒的海洋只是最近才取代了这里的草原。这里曾经居住着羚羊、长颈鹿、大象，甚至还有牛、羊与牧民。如今，这里空余一些岩画遗迹，诉说着 5000 年前失落的文明。

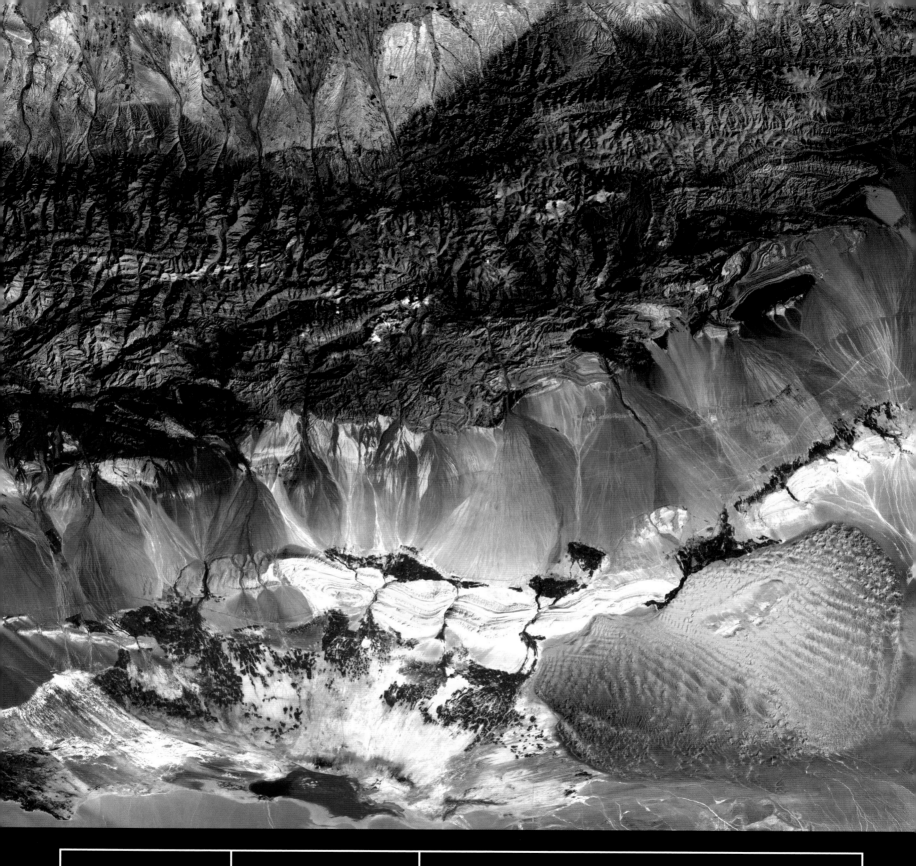

吐鲁番盆地

中国

在天山山脉脚下，印度板块无情地俯冲深入欧亚板块，并冲碎了地壳。在方圆 1.3 万平方千米的范围内，两个平行断层之间的岩石不断下沉，从而雕刻出一个裂谷。低于海平面 154m 的海拔使吐鲁番盆地成为了地球表面仅次于死海的低地。

乌克兰大平原

乌克兰

在雷达回波的描绘下，乌克兰裸露的土地呈现出一种鲜艳的紫色——此时正是早春时节，第聂伯河流域耕地里的小麦还没有发芽。我们脚下的土壤混合了风化岩石和腐殖质。这层极薄的土层是岩石圈、大气层和生物圈至关重要的交界。正所谓我们来自大地，也终将回归大地。

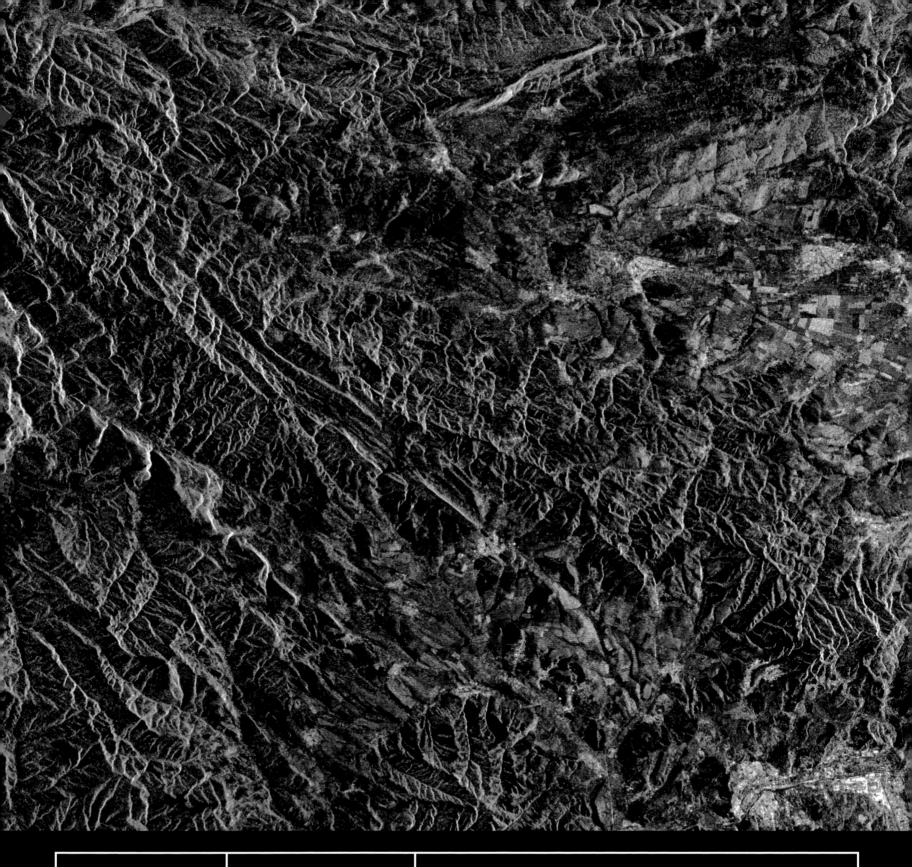

索菲亚城

城市

保加利亚

在可见光谱之外，微波的脉冲和回声为我们呈现了一个更为生动的地球——这是一个由犬牙交错的山峰与炫目的几何线条所描绘的世界，裸露的地形主宰着这里。从更为传统的视角来看，拥有狭长街道的、充满异域风情的索菲亚城——保加利亚的首都——与巴尔干的山野相映成趣，融为一体。

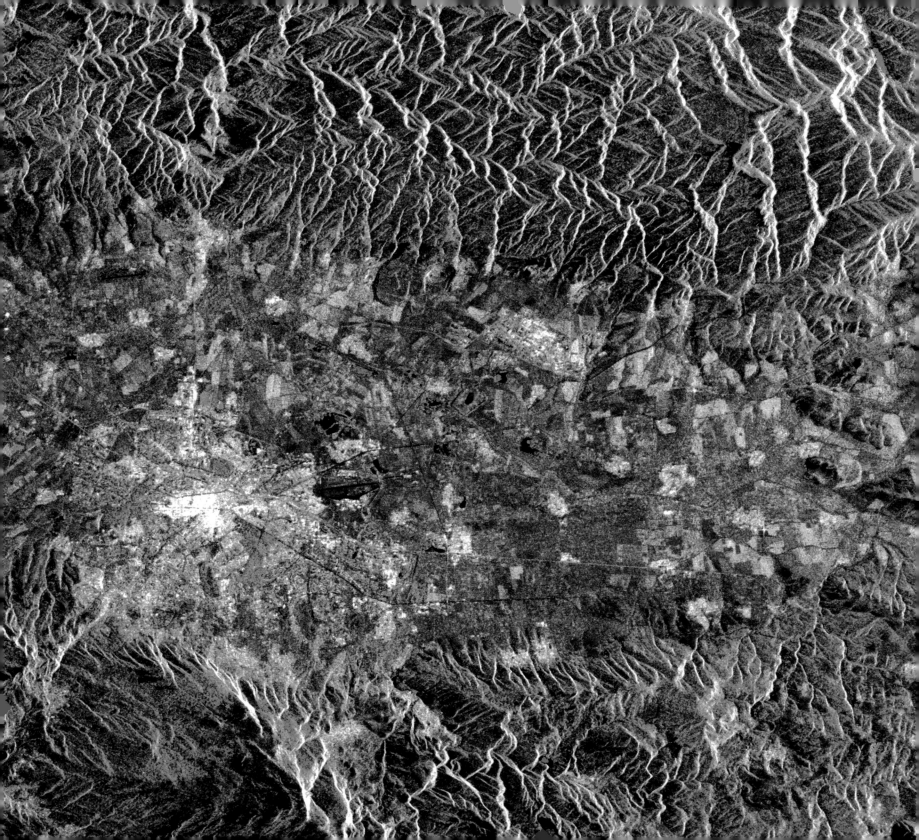

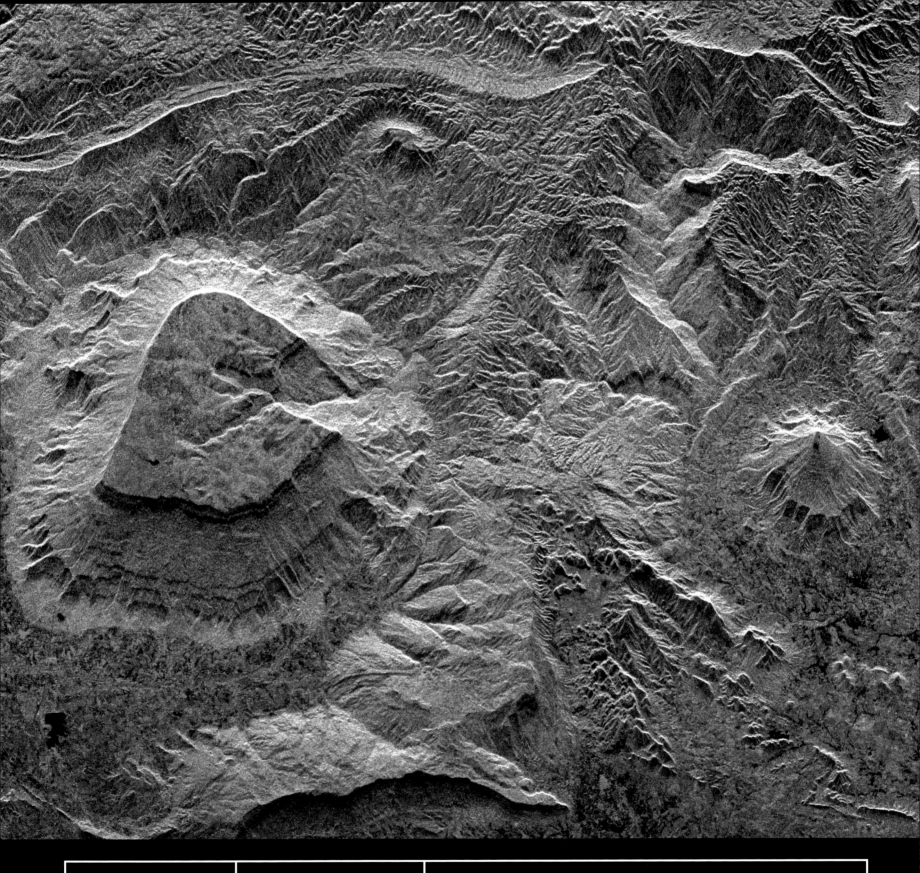

攀宝永

方山

泰国

微波辐射可以穿透黑暗、云层和沙尘，从而显示在红外线和可见光下难以分清的物体。通过这种方法，人类甚至透过金星浓密的大气绘制出了其表面的地形地图。与此相比，泰国的这片地形也不算陌生。实际上，这片仙境般的方山就坐落在泰国中部。作为高原退化的遗迹，如今它的周围已经布满了农场和田野。

喜马拉雅

山脉

中国西藏

让我们把目光转向对喜马拉雅山脉东南部的地质勘查。在空间轨道雷达的成像下，碎裂疏松的沉积岩呈现为蓝色，其下方坚韧的花岗岩则呈现为橘色。这些变化正是侵蚀的杰作：从山脉形成的初期至今，已有超过1200万立方米的峰顶岩石被侵蚀剥落下来了。

布加勒斯特城

城市

罗马尼亚

在马赛克般的田野中间，布加勒斯特光洁笔直的街道为雷达波提供了绝好的反射面。这种微波成像技术对于地球环境的变化极其敏感。无论是构造抬升，还是洪水、干旱、城市扩张，抑或是农业土地利用，都能够清晰地呈现出来。

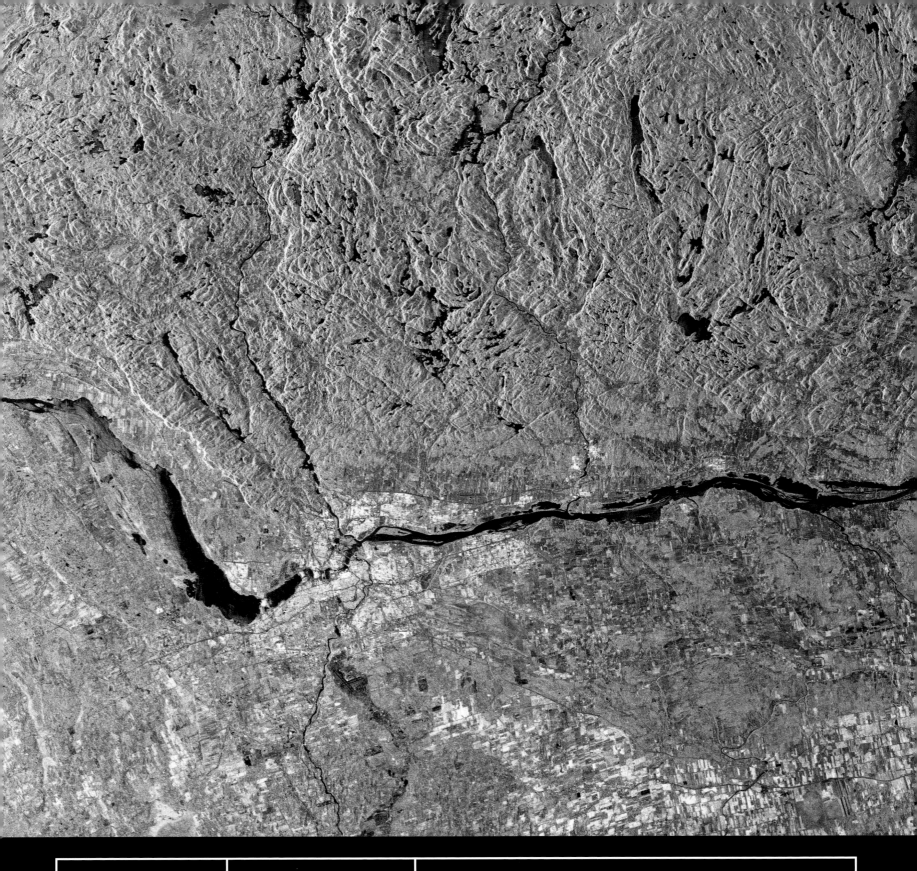

劳伦地盾

加拿大

渥太华和多伦多这两座城市就坐落在古老的劳伦地盾之上。在雷达的回波下，城市的街道被镀上了金色与银色。地盾上较矮的山丘，作为前寒武纪喜马拉雅的根基，曾经被深深地锁在地下。经过漫长的风雨和冰川的剥落作用，这些山丘终于露出了地表。此过程也带出了丰富的金银矿藏——远比我们在雷达图上看到的金银颜色多得多。

大峡谷

美国亚利桑那州

在可见光和近红外波段数据的基础上，雷达深层扫描又补充了更多的信息，这使得最终呈现的全景照片更加丰富详实。从托马斯·莫兰到大卫·霍克尼，壮丽的大峡谷为一代又一代艺术家提供灵感。虽然这些数码图像并不能超越那些伟大的艺术作品，但是这些数据通过完美的结合，为我们呈现了一幅非常接近大峡谷地形原貌的三维地图。

季吉利河

俄罗斯堪察加半岛

这幅由美国陆地卫星根据雷达高程数据综合绘制而成的图片，展现了季吉利河及其支流自堪察加火山岩高地顺流而下的景观。这里是环太平洋火山带最东北的一隅，大洋板块从这里俯冲进入地球深处，与此同时喷涌而出的熔岩构筑起了堪察加半岛的侧翼。

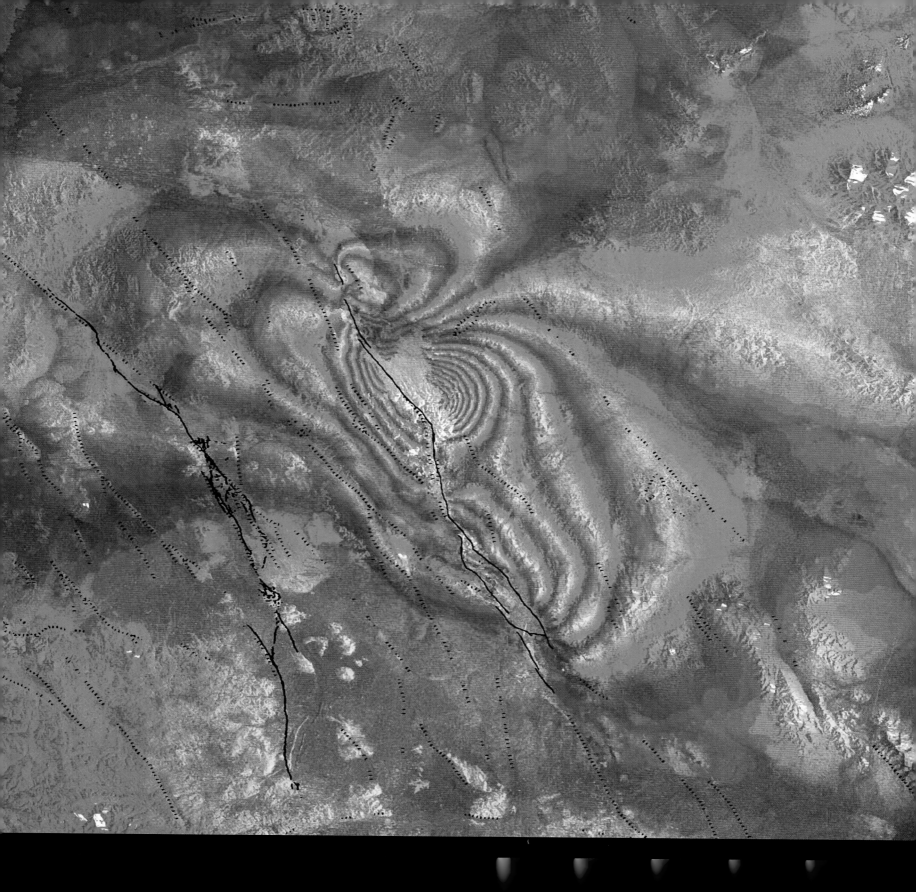

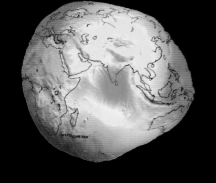 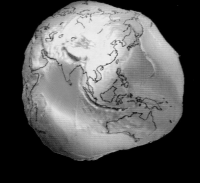 

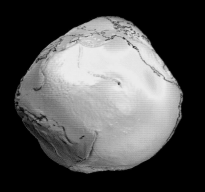 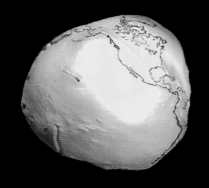 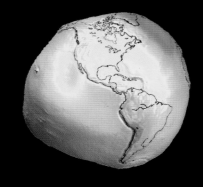

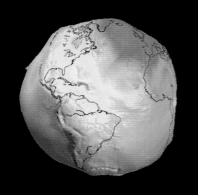 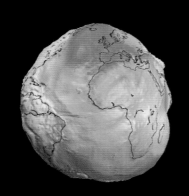 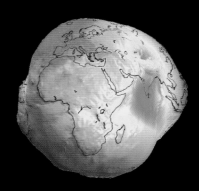

重力地图

这些布满褶皱的球体揭示了地球重力场的波动起伏：高度越低的地方，重力的作用越微弱。水在全球的季节性流动可以解释大多数重力异常现象；其他一些可以追溯到特殊的地形（例如山脉和大西洋中脊）；剩下一些难以解释的重力异常则要归因于更为深层的地质构造。

2

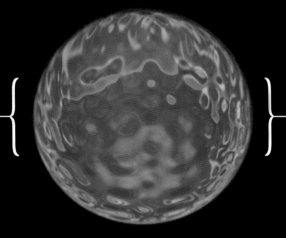

水

马洛斯马杜卢环礁

印度洋，马尔代夫

我们所居住的星球实际是一个水世界。如果将地球表面的陆地全都移走，那么整个地球将被一个深度达 2500m 的海洋覆盖。在这种情况下，像这样的环礁根本不会露出海平面。不仅如此，在海床之下 2900km 的地幔深处，还浸满了相当于地表总水量 5 倍的水。

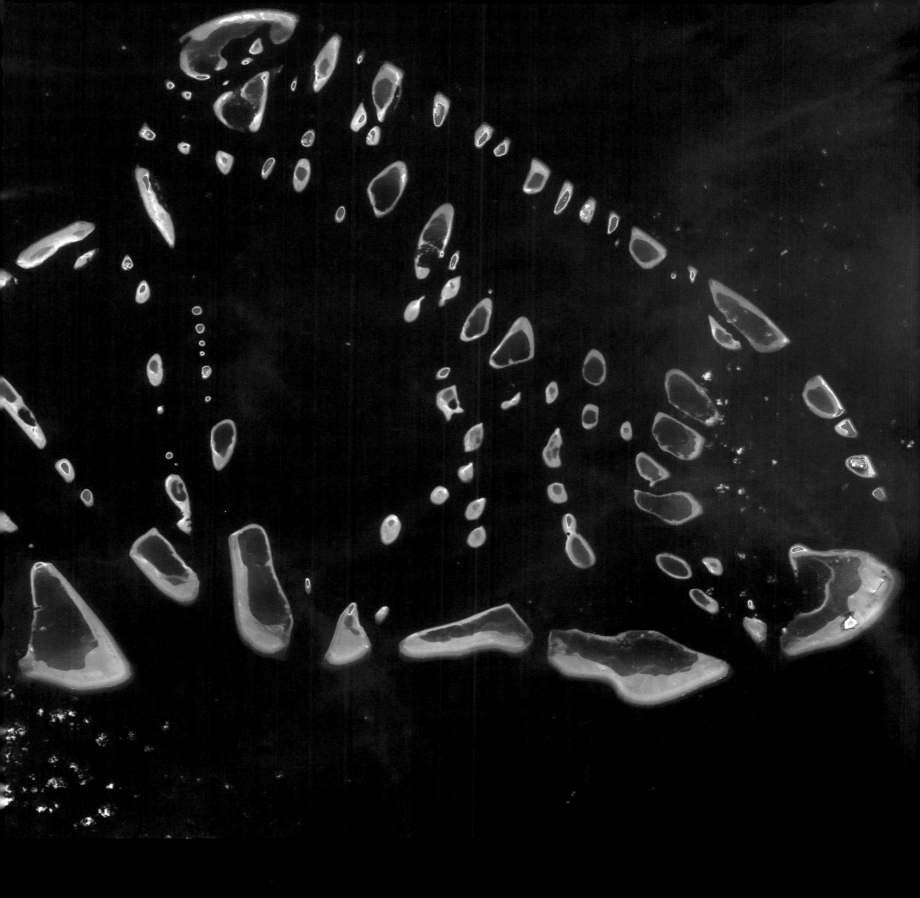

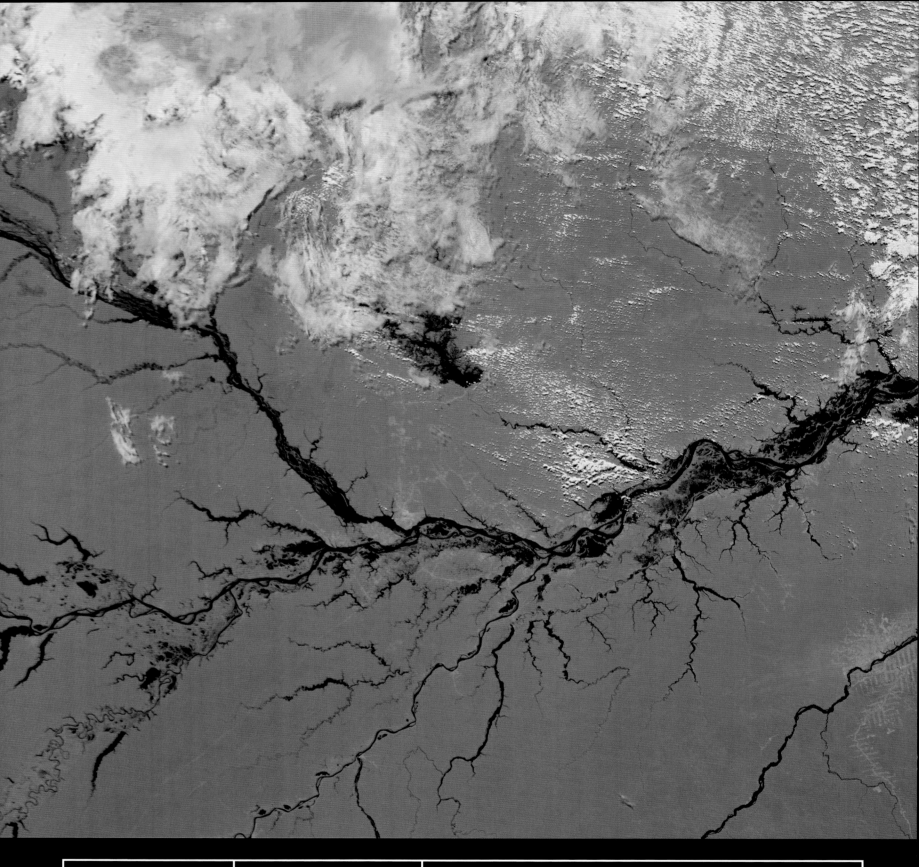

亚马孙河

巴西

这幅经过增强的图片显示了亚马孙河下游方向三分之一处约6430km长的流域的全貌。在宽达300km的入海口，亚马孙河向海洋注入的淡水量是所有河流入海淡水量的五分之一。大量来自于安第斯山脉的矿物质和沉积物，随着巨量的水流被冲进大西洋。在可以预见的未来，安第斯山脉的命运就是被水流冲刷、流失，终而沉入大西洋海底。

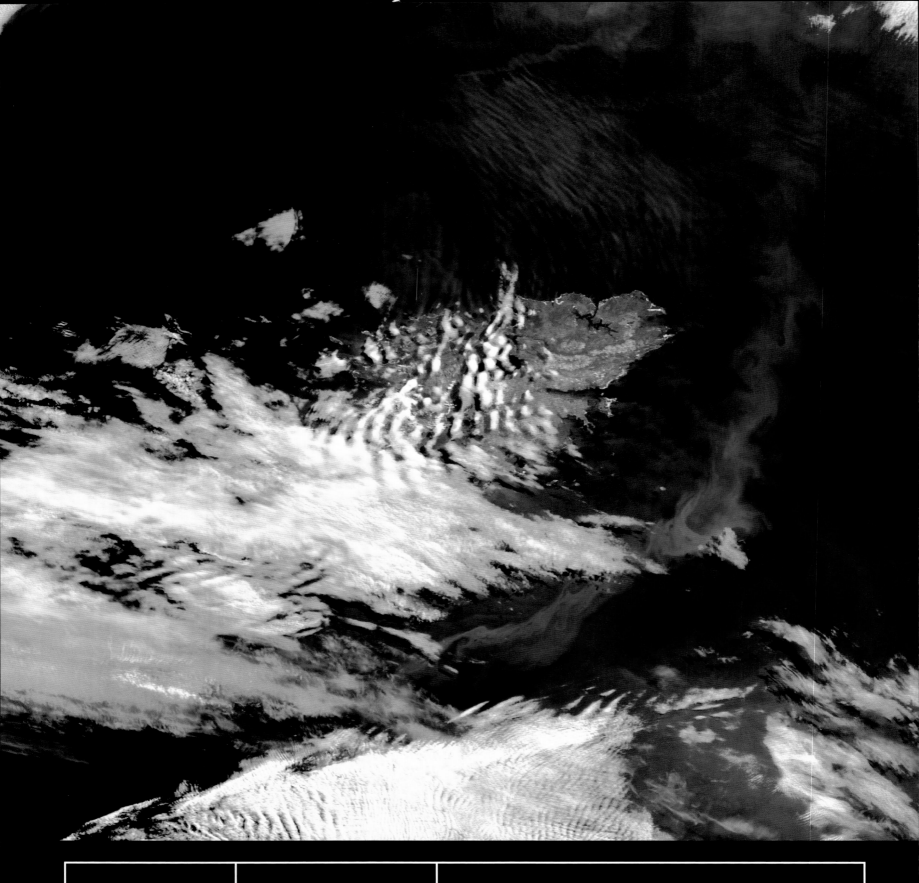

浮游生物爆发

南大西洋马尔维纳斯群岛

　　从海底深处涌出的富含硝酸盐和磷酸盐的海水上升到水面，再经过阳光的暴晒，使得水体富含营养。这样的环境最终导致了浮游生物的大爆发。虽然它们单个的尺寸小到难以用肉眼观察，但是大量的浮游生物聚集到一起却足以为整片海水染色——这些富含叶绿素的海水能够清晰地显示出洋流的走向。

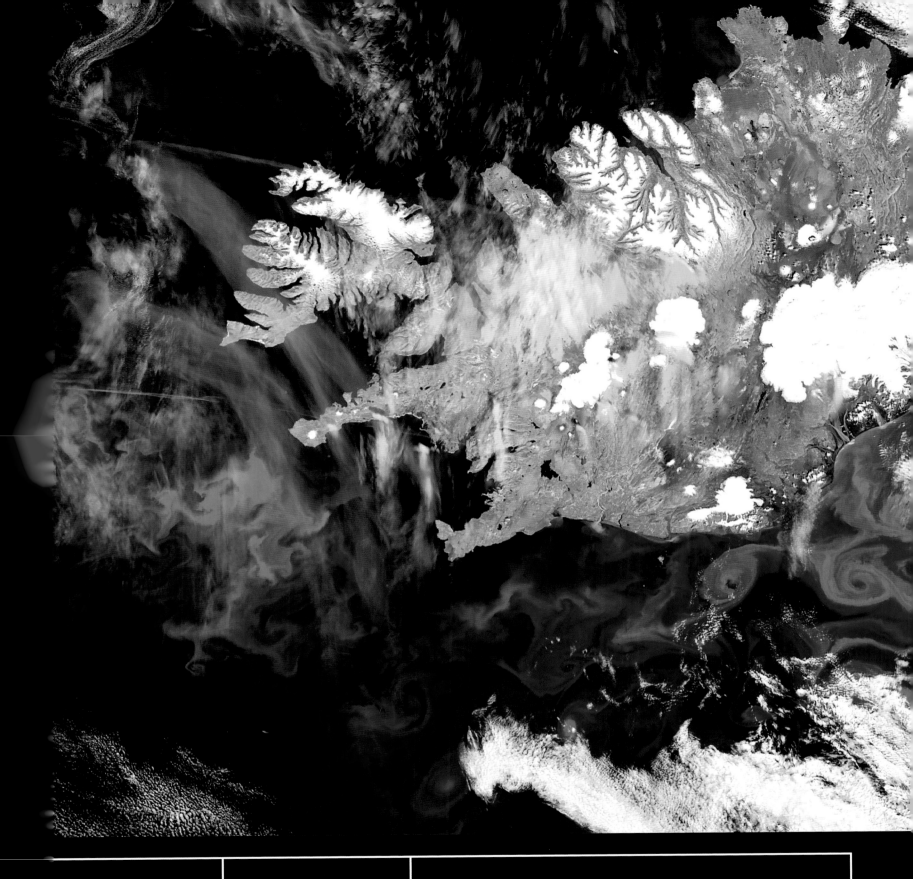

浮游生物爆发

北大西洋冰岛

随着墨西哥湾暖流流经冰岛，它开始冷却、下沉，从而冲起大量富含营养和矿物质的深水，由此也激活了大量的浮游生物。冲刷过深海平原后，洋流便向南流转，开始了它环绕地球的流动。这一过程已经持续了上千年。最终，洋流在东北太平洋重新上浮，并且作为暖流向南大西洋回流。

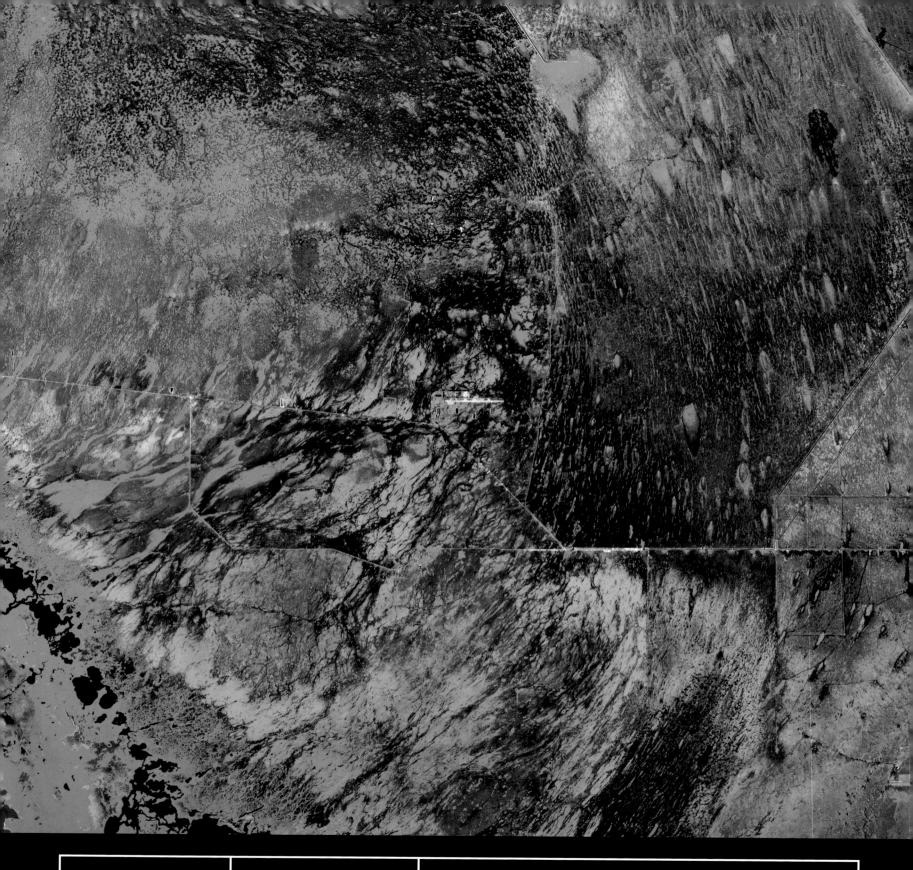

佛罗里达大沼泽

美国佛罗里达州的湿地

雨季的奥基乔比湖，四溢涌出的湖水造就了这片大沼泽地。湖水满溢，浸没了超过 100km 宽、160km 长的泛洪区浅滩。夹在易于排干的高地和湛蓝的大海之间，湿地成为了这两者之间的过渡地带，为这里富含独特动植物的多种生态系统提供保障。

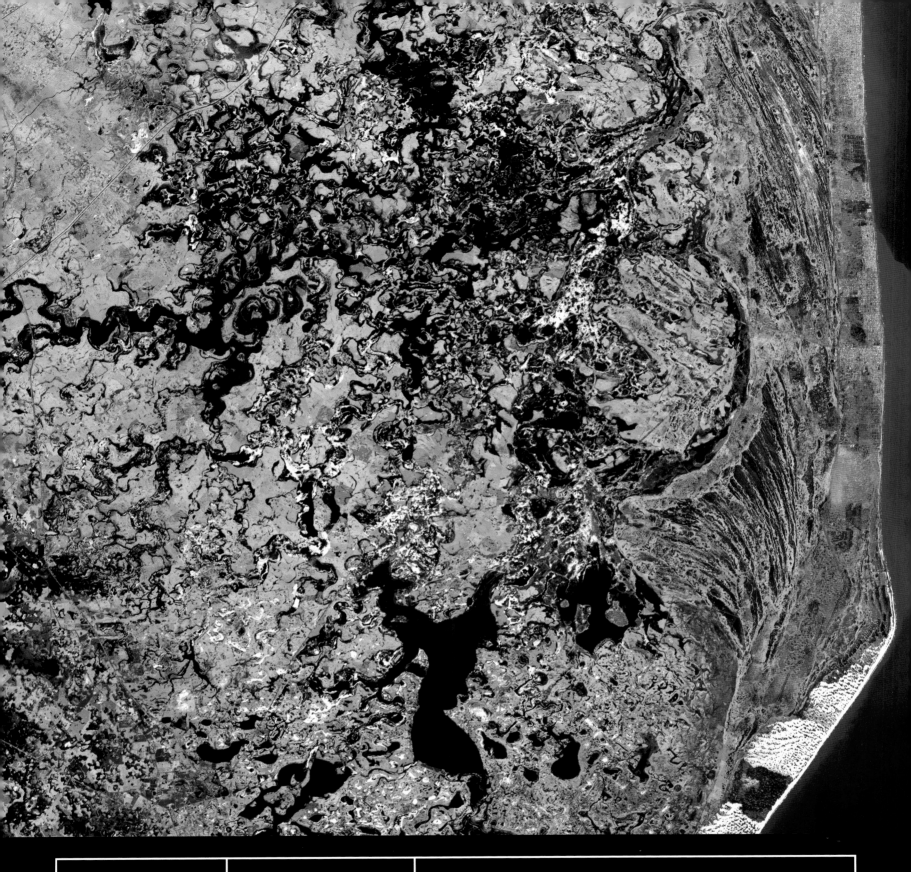

桑博龙邦湾

湿地

阿根廷

在布宜诺斯艾利斯东南方向 300km 处，圣安东尼奥角自阿根廷海岸向大西洋凸出。在海岸线后面，小溪、盐沼、沙丘、池塘、潟湖和草原等地貌星罗棋布。这里是潘帕斯草原植被最后的家园，它们曾经遍布阿根廷中东部。

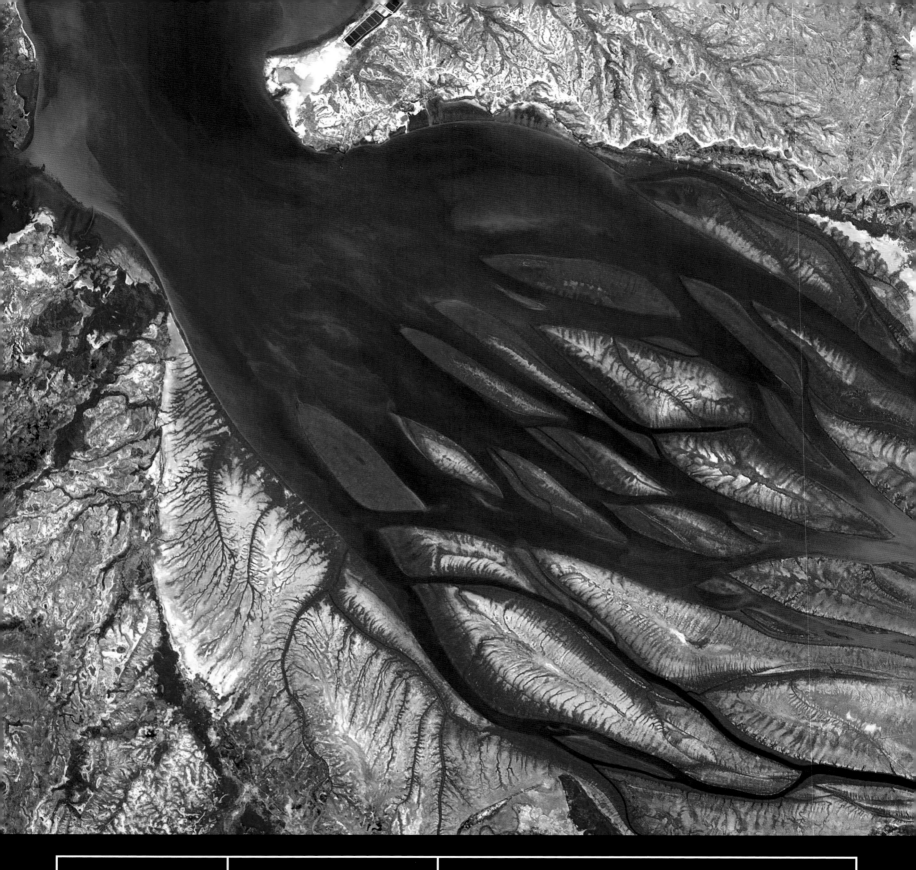

贝齐博卡河

三角洲

马达加斯加

　　河流平均每年将 200 亿吨的土壤冲刷进海洋，这是地球上最腐蚀地表的活动。只要有足够的时间，它们可以荡平所有的高山和陆地。森林砍伐和强劲的季风，为贝齐博卡河侵蚀马达加斯加的进程提供强有力的武器。河口附近岛屿的土壤加速流失，不断形成新的浅滩又随之消亡。潮起潮落间，兴衰成败大抵如此。

密西西比河

三角洲

美国路易斯安那州

当密西西比河从它的源头——明尼苏达州艾塔斯卡湖——奔流而出时，它还只是一条涓涓而流的清澈小溪。流淌了 3780km 之后，即当它抵达入海口的时候，滚滚河水每天都会向墨西哥湾倾倒 50 万吨的沉积物。在这里，浑浊的河水尽情地卸载它的货物。沉淀物形成的密如蛛网的滩涂和湿地，缓慢地向南生长——这是北美大陆扩张的脚步。

刚果河

非洲

作为流域面积和流量仅次于亚马孙河的世界第二大河，刚果河为非洲大陆营造了一片绿色的核心地带。自东非大裂谷高原奔流而下 4670km，刚果河流域拥有世界雨林面积的四分之一。这里栖息着千奇百怪的生物，其中就包括在恐龙猎人中广为流传的"魔克拉－姆边贝"（音译自刚果本地语言林加拉语，意为"可以阻断水流的生物"。——译者注）。

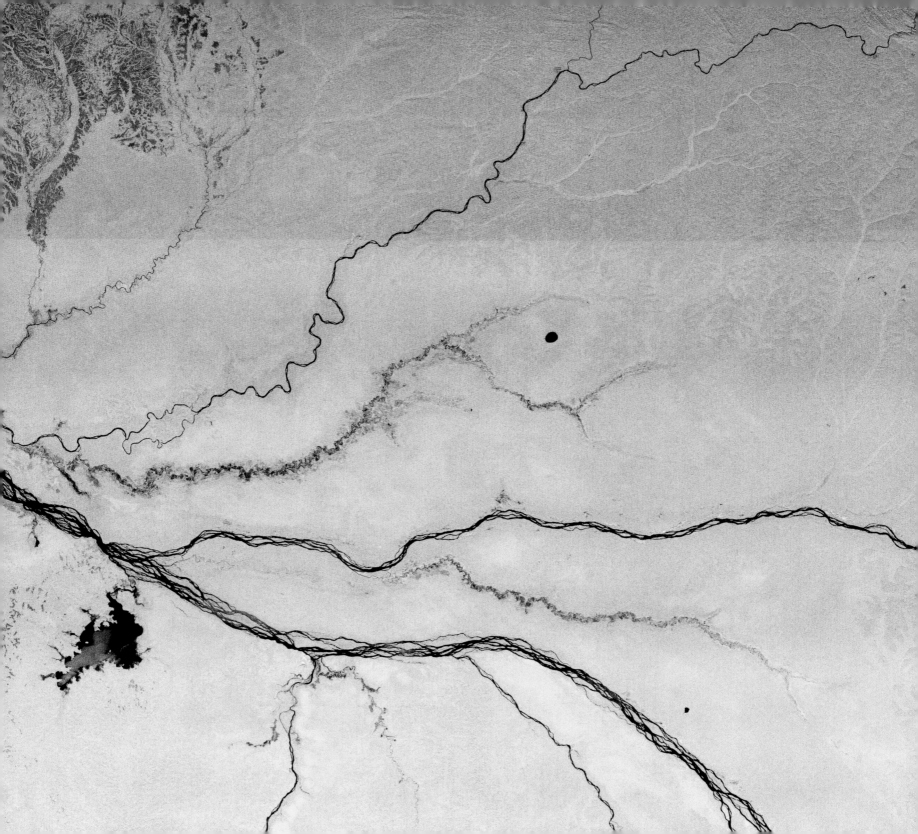

内志高原

沙特阿拉伯

在色调单一的阿拉伯荒漠深处，林立的钻井并非是为了寻找石油，而是在汲取地下水。既然缺乏河流和湖泊，沙特阿拉伯便不得不通过钻探来获得水源。通过矿业钻探的办法，他们可以获得大量在冰河时代融化并渗入地下深处的水。据估计，沙特阿拉伯王国地下最大的蓄水层，其储水量要超过整个波斯湾。

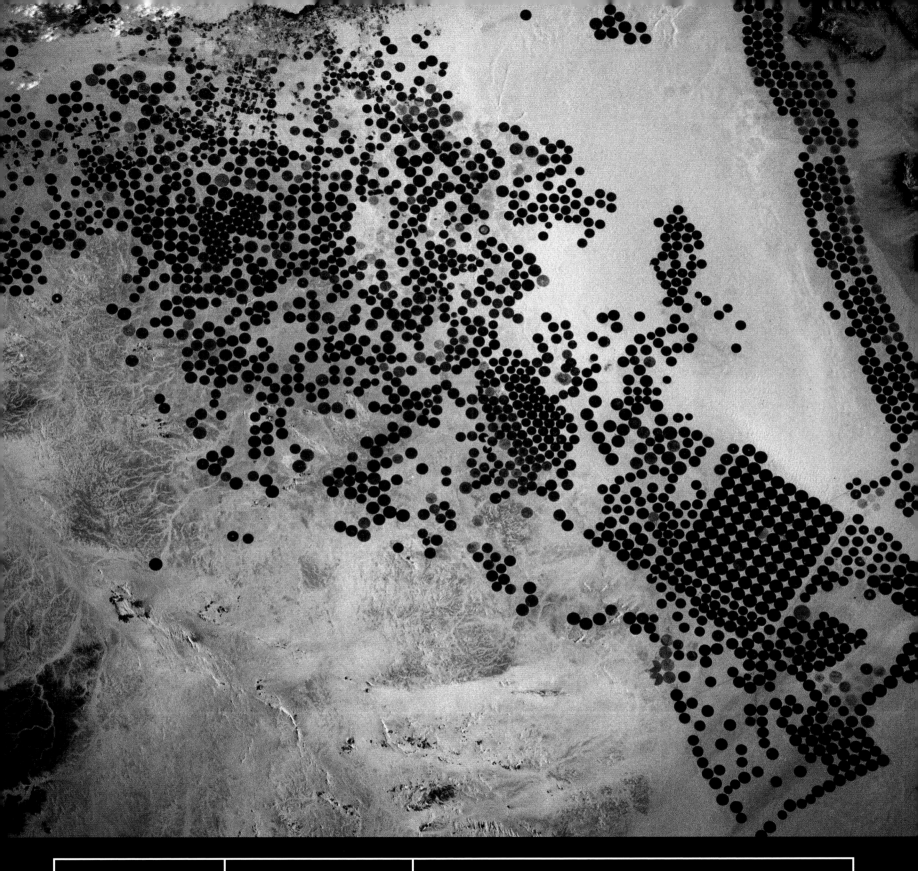

图韦格陡崖

沙特阿拉伯

　　图韦格陡崖矗立在内志高原之上，按照几何图形排列的绿洲之花盛开其间。每片绿洲包含着 0.8km^2 的农田，灌溉用水来自 1200m 深的地下。自 20 世纪 80 年代以来，这种中枢环形农场在整个阿拉伯地区被大量推广，累计灌溉面积相当于这一地区耕地总面积的 3 倍。

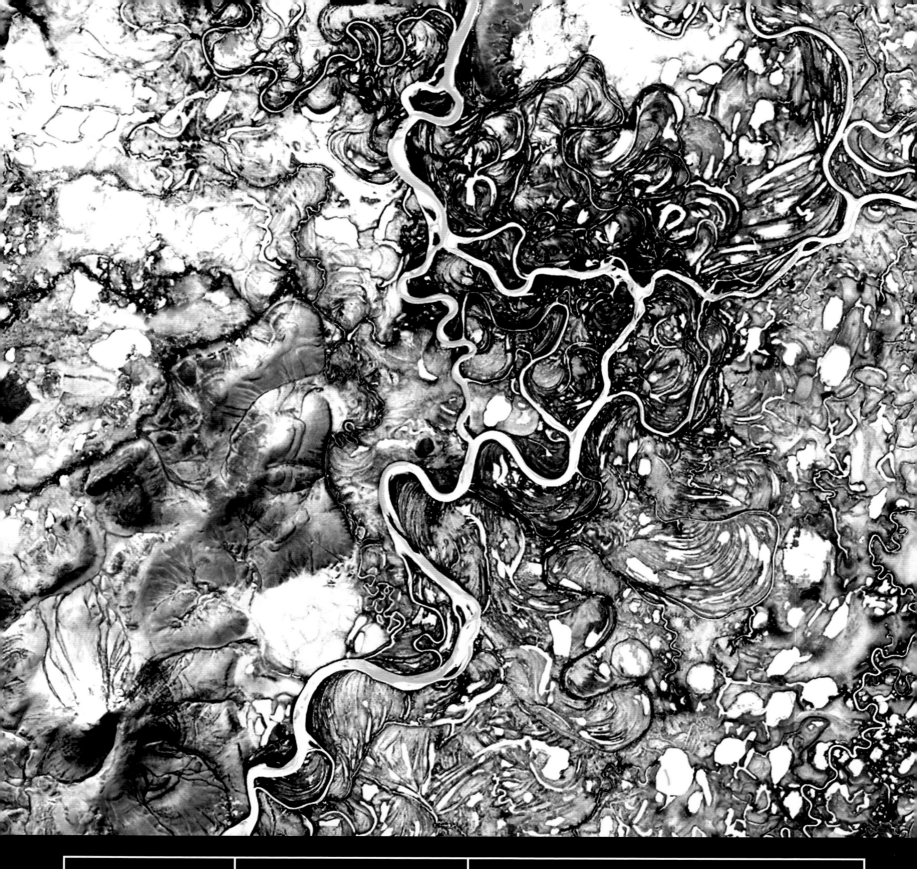

西伯利亚永久冻土带

俄罗斯

西伯利亚东北边疆地带的冬季十分漫长，严寒能够将几百米深的土壤冻得结结实实。夏季的回归会快速地解冻大地，地表的雪融水使得河流再次流淌起来。数千年来，融化与冰冻在这里规律地交替着，这最终造就了这里独特的地貌景观——无数涓细的河流、小型湖泊和池塘造成的凹陷将这里变得支离破碎。

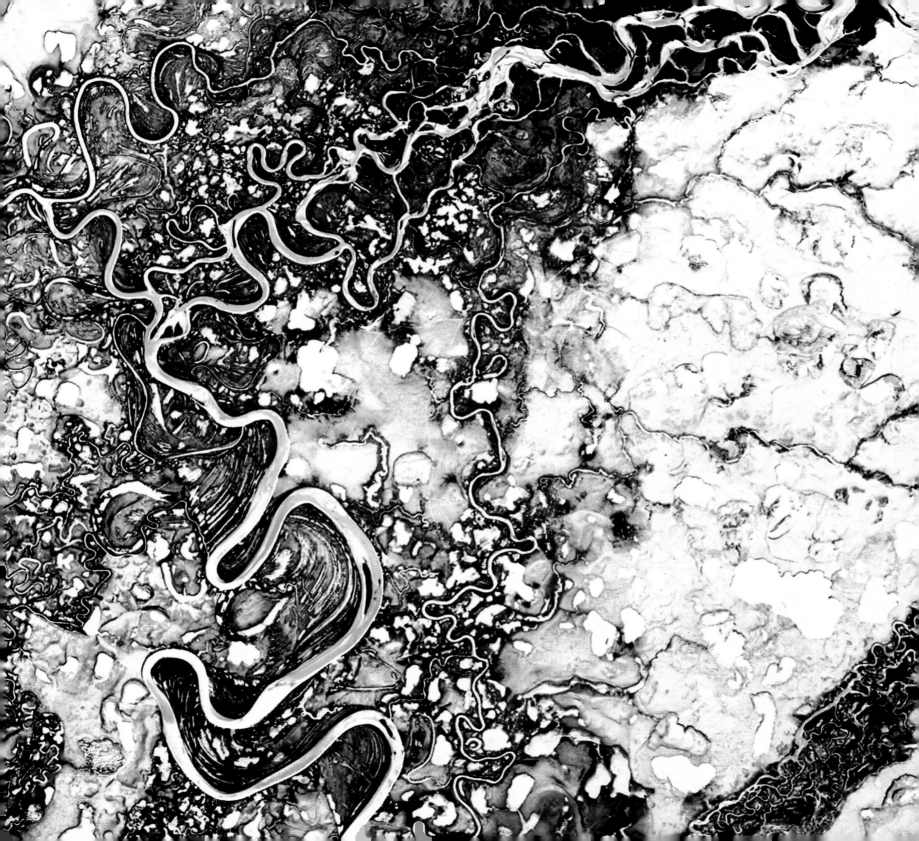

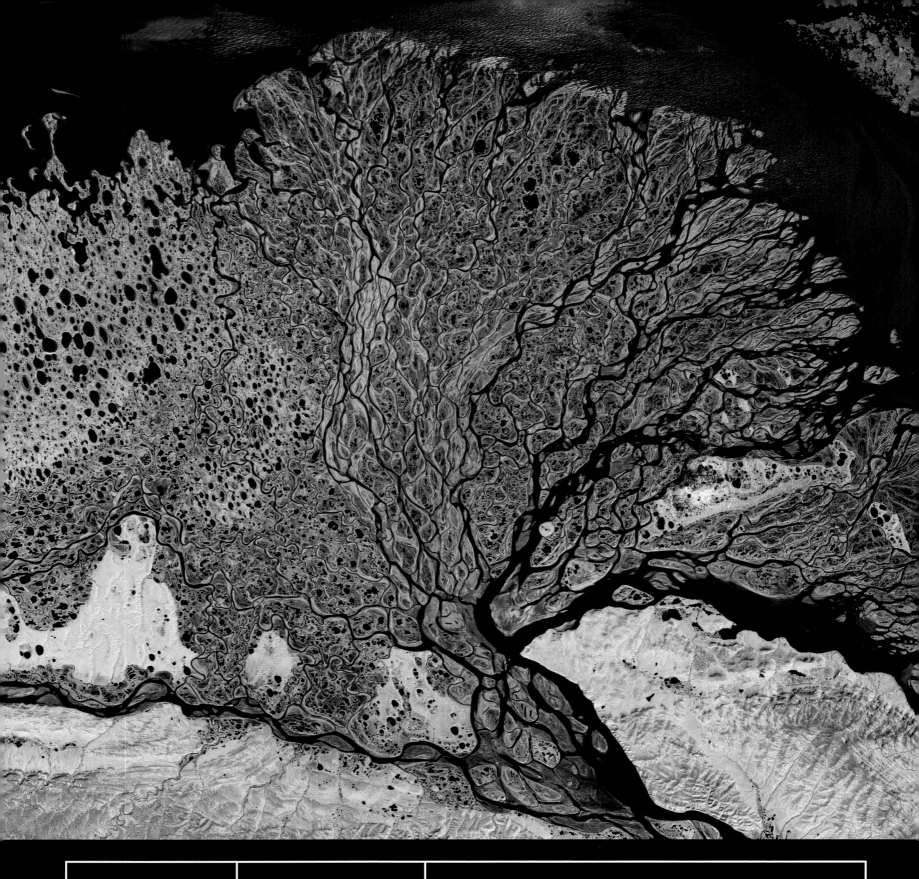

勒拿河

三角洲

俄罗斯

　　自贝加尔湖周围的群山流出，勒拿河一路向北奔流 4400km，进而在北冰洋入海口形成了方圆 400km 的三角洲地区。每年长达 7 个月的冰封期过后，随着 6 月河水的解冻，三角洲地区就会变为一片生机勃勃的沼泽地。不过在严酷的冬季，冻土带的厚度将达 1500m。

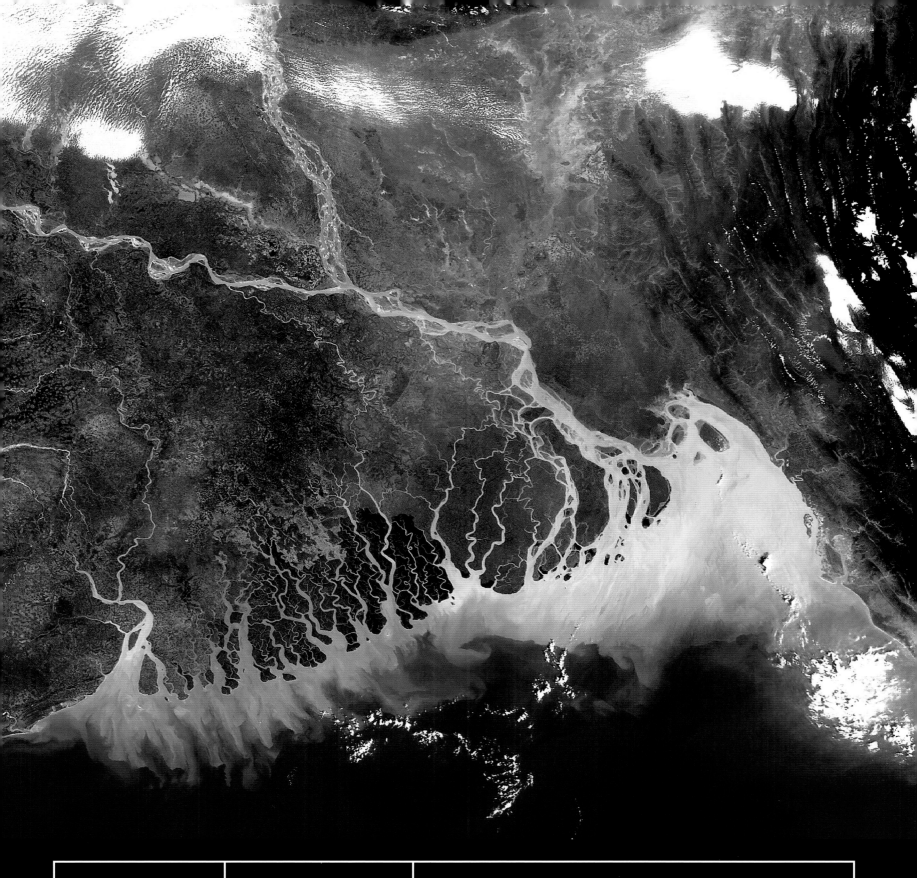

恒河

三角洲

孟加拉 / 印度

　　每年有 20 多亿吨喜马拉雅山脉的融水席卷着漩涡，通过恒河迷宫一般的入海口汇入孟加拉湾。恒河冲刷出了一条长达 10km 的沿岸沉积物带，这条神圣的母亲河灌溉着茂密的野生红树林和绿色的耕地，同时还养育着地球上十二分之一的人口。

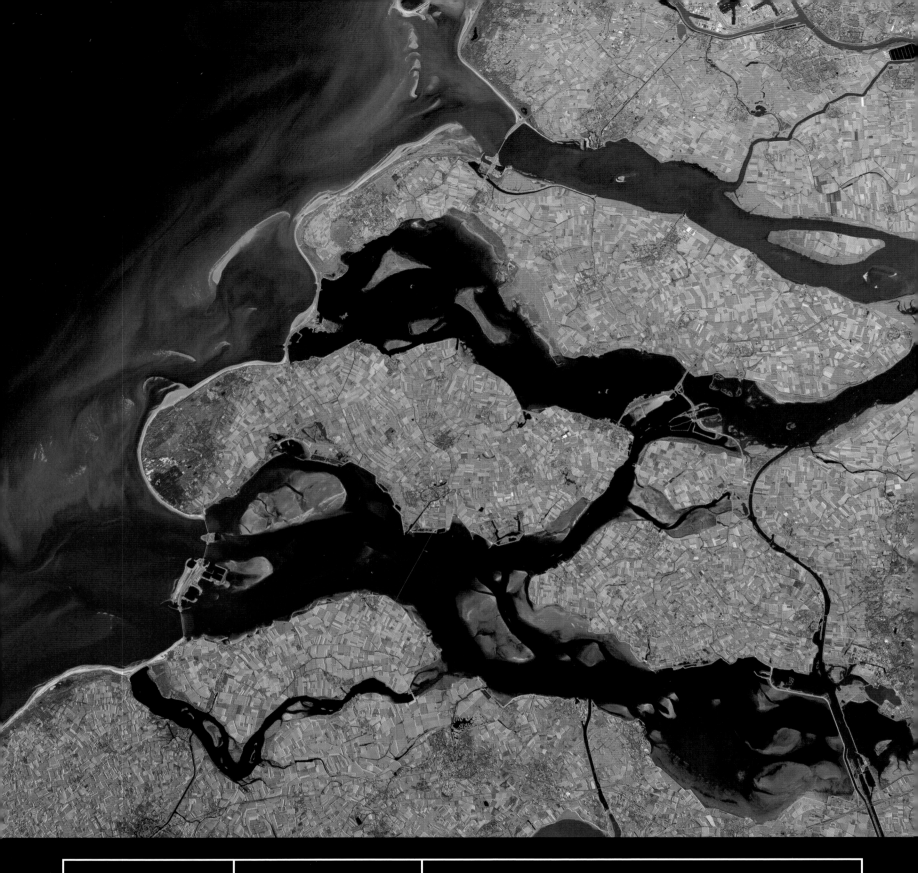

泽兰河

三角洲

荷兰

在荷兰东南部海岸，莱茵河、马斯河与斯海尔德河三角洲融为一体，它们携带着大量泥沙的河水为泽兰群岛的农民带来了最美好的祝福。这片肥沃却又边界模糊的沿海地带最初生成自 1134 年的一场风暴，并在 1953 年被另一场风暴所摧毁。如今这里已经固若金汤，防波堤、堤坝和水闸为此处提供了很好的保护。

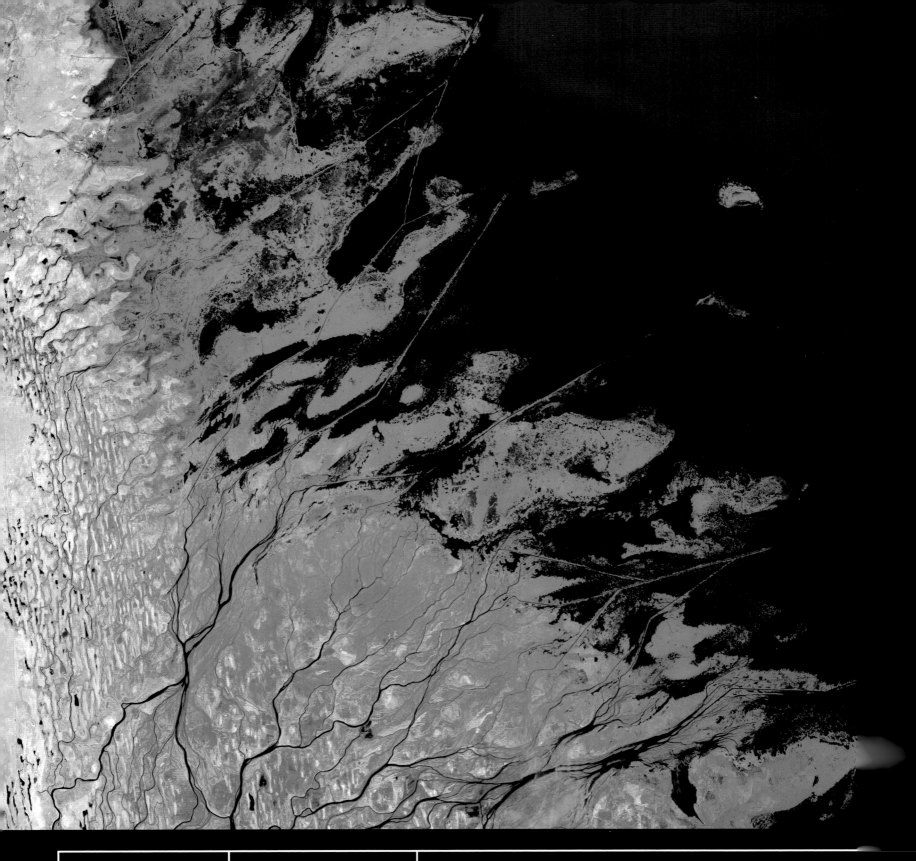

伏尔加河

三角洲

俄罗斯

作为俄罗斯的母亲河，伏尔加河在奔流进里海之前，有大大小小约500条支流。在这迷宫般的水网之中，绿色线条标记的是经过疏浚的航道。与它正在消亡的邻居咸海不同，里海水位在过去的30年里上涨了2.5m，并且使伏尔加河三角洲的海岸线向内陆推进了100km。

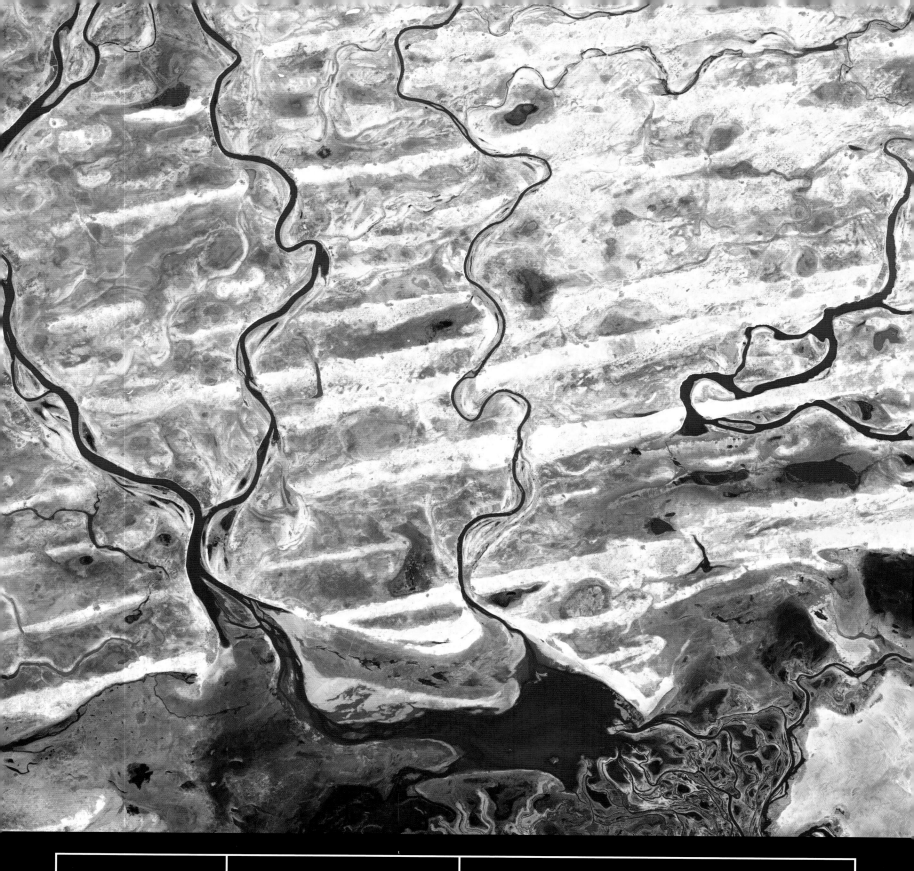

尼日尔

内流河三角洲

马里

尼日尔河发源于几内亚高原，其源头向东距离大西洋只有240km。然而它却扭头奔向内陆，不知疲倦地流经撒哈拉沙漠，历经 4180km 长的水道之后才汇入大海。在荒漠河段，尼日尔河会泄入一些古老、干涸的内海，从而将这里分割成一片广袤的内陆三角洲。这里有错综的水道、潟湖和沼泽。

汉娜湾

加拿大哈德孙湾

在末次冰期的鼎盛时期，哈德孙湾曾覆盖有将近3km长的冰川。冰川用其巨大的自重侵蚀下面的陆壳。随着冰川消退，地壳缓慢抬升。沿着冬季的降雪线，众多平行的海岸线开始浮现在人们眼前。如今，地壳仍旧在以每年大约1cm的速度抬升，并且这一过程还将持续1万年。

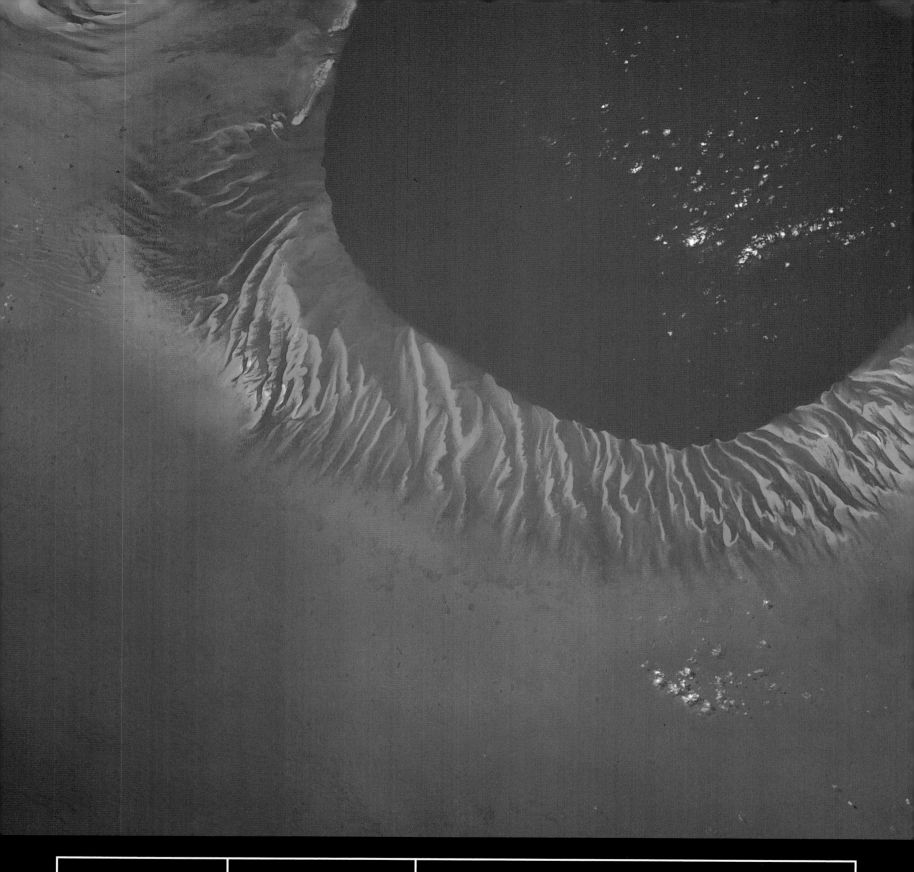

海底岩舌

巴哈马群岛的海沟

岩舌在蓝绿色的海水中划出了一道巨大的阴影，就好像浅海突然直落进了万丈深渊。在岩舌的顶部，一个深约 1.7km 的悬崖直插入大巴哈马岛海峡。从这里开始，峡谷一直延伸到 225km 之外，深度则达到了 4000 多米。

乍得湖

乍得 / 尼日尔 / 尼日利

亚 / 喀麦隆

　　乍得湖孤独地在撒哈拉南缘闪耀着。它是这片古内陆海最后的幽灵。大约在 6000 年前，乍得湖的水域跨度还长达上千千米，如今却只剩下了十分之一的水面。随着湖水源头的不断消亡，沙丘也不断地越过浅水区和浅滩，侵占曾经备受湖水滋润的土地。

咸海

哈萨克斯坦 / 乌兹别克

斯坦

咸海——曾经是干旱的中亚地区中最大的绿洲之源、世界第四大内陆水体——如今已变成了终日被满含有毒灰尘的厉风吹拂的盐土荒漠。为了向这一地区的棉花种植业提供灌溉用水，在过去的40年里，60%的咸海水面消失了。搁浅的船队就像一群死亡鱼类的骨骼，躺在距离曾经的海岸线60km的地方。

贝加尔湖

俄罗斯西伯利亚

穿过贝加尔湖的季节性冰盖，再穿过 1732m 深的湖水，最后穿过 7km 深的沉积层，这里就是地球上最深的大陆裂谷。作为岩浆剧烈上涌的后果，这条深入地壳的裂谷正在以每年 2.5cm 的速度继续扩大。贝加尔湖真的在逐渐变成大海。

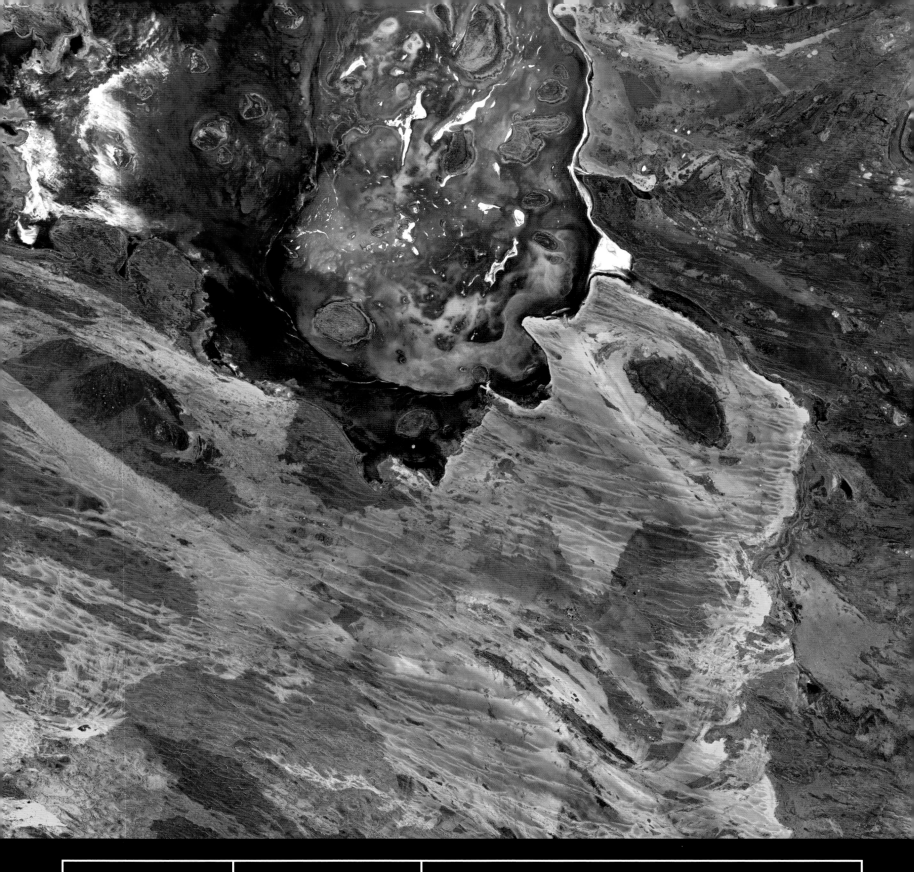

失望湖

西澳大利亚

　　作为澳大利亚的众多盐湖之一，失望湖四周被大沙沙漠的沙丘环绕。1897 年，一位探险家在追踪了这里密布的水网溪流后认为，这些水一定会汇聚成一个大湖。他的猜测是对的。但是这片湖水盐分含量极高，根本无法供人饮用，失望湖便由此得名。当一片湖中的水分蒸发速度超过了其补给速度时，它就会形成盐湖。

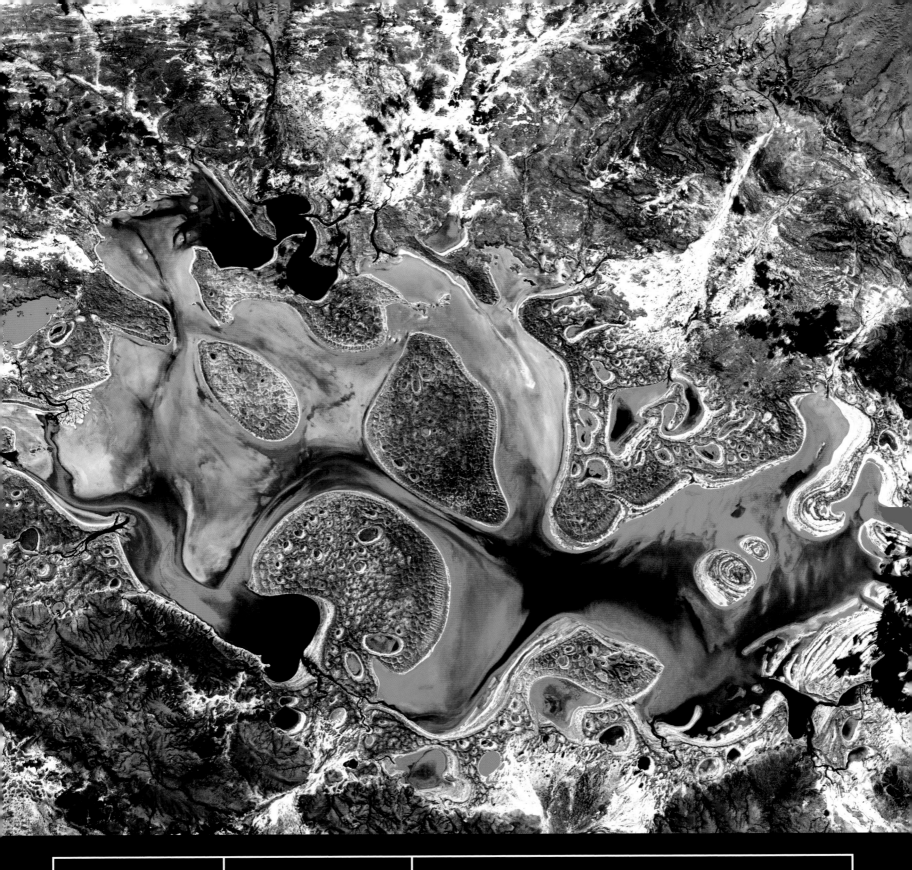

卡内基湖

西澳大利亚

红色的耐盐植被会利用季节性的卡内基湖水，从而造就了这里不同寻常的地貌。澳洲内部过于平坦的地形使得众多河流流入内湖，而没有发育成为外流河。降水所补充的水仅能勉强维持河水的流动，许多这类湖泊都是季节性的，只有在大雨过后才能短暂地恢复蓄水。

阿塔图尔克水库

土耳其

6000 年前，幼发拉底河的河水哺育了美索不达米亚地区最早的文明。如今，随着阿塔图尔克大坝的建起，幼发拉底河的河水被拦截在上游，淹没了方圆 816km 的流域，下游用水受到极大限制。如果需要，幼发拉底河甚至可以被人为地切断，从而使上游水库重新蓄水。

三玛利亚水库

巴西

在巴西高原干燥的山地中，三玛利亚水库在方圆 100km 的范围内勾勒出了一个不规则的水面。很多支流从周围的山上汇入水库，而更大的圣弗朗西斯科河(图中左下部分河道)的河水由于携带有大量沉积物而泛出金光，从而使其与其他蓝绿色部分的水体区别开来。

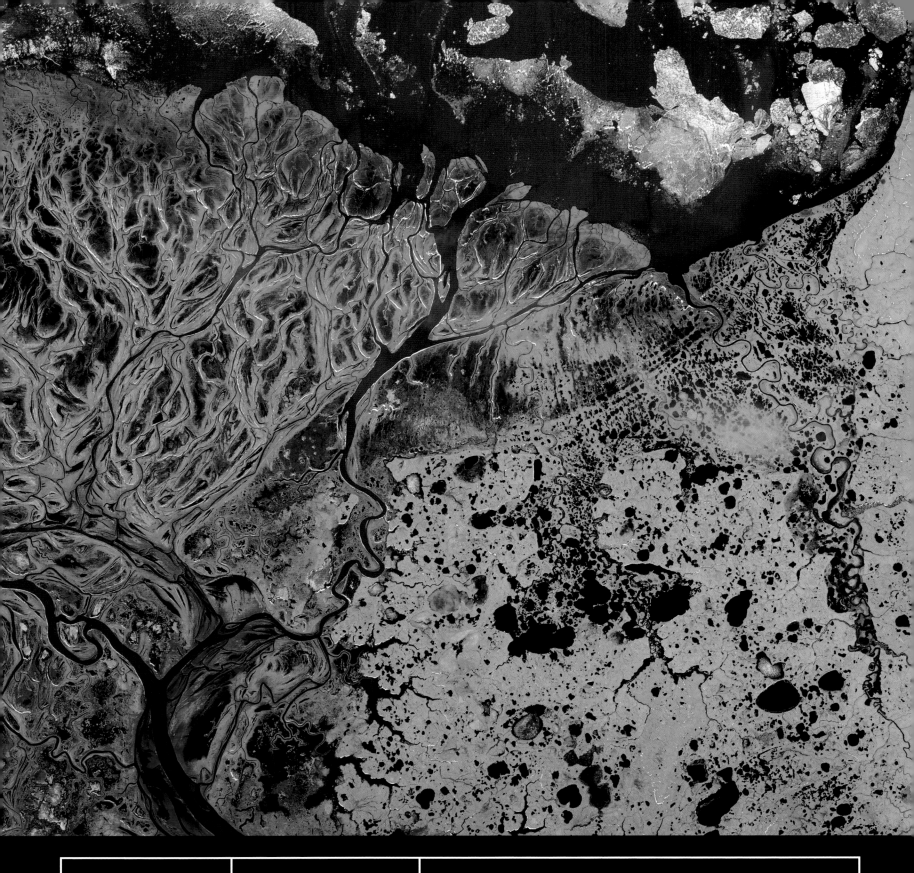

育空河

三角洲

美国阿拉斯加

育空河与卡斯科奎姆河的交汇处拥有世界上最大的河流三角洲。1.3 万年前，较低的海平面使得白令陆桥露出海面，第一批来自西伯利亚的移民利用这一便利条件徒步走到了美洲大陆。如今，先民的足迹早已被冰冷的海水冲刷得荡然无存。

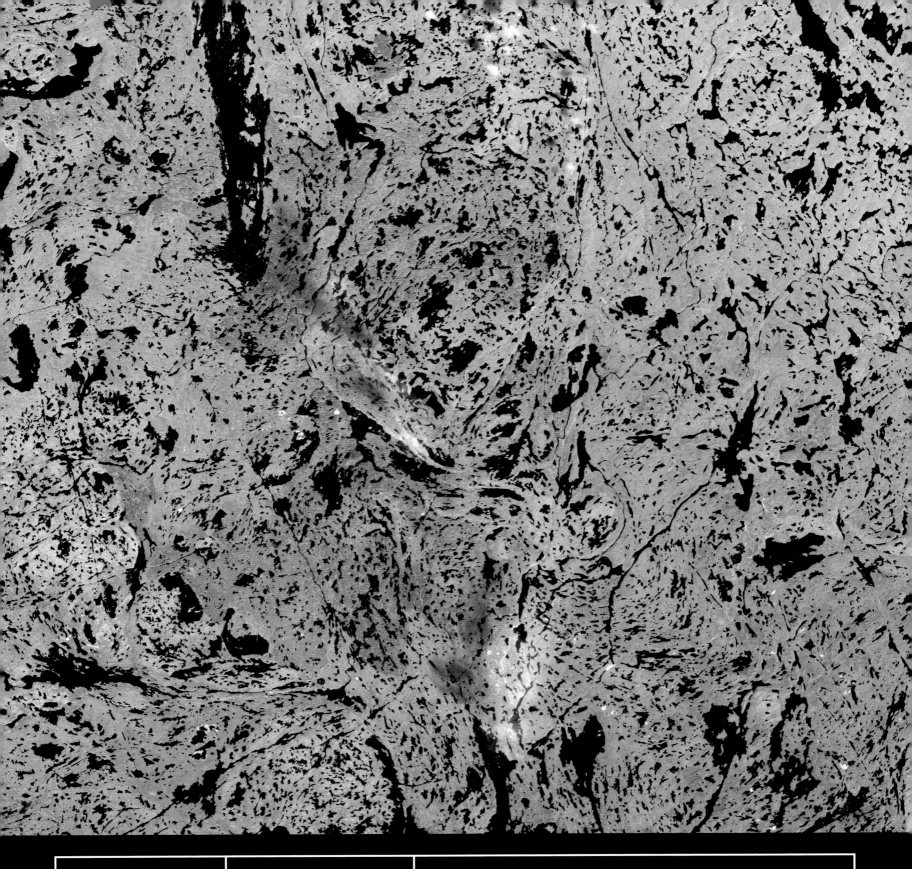

耶洛奈夫湿地

加拿大西北领地

末次冰期，耶洛奈夫的岩石饱受侵蚀。满是伤疤的地表如今遍布着大大小小的湖泊与河流。实际上，这些古老岩石的风化程度更为严重。40亿年的时间足以磨平曾经的山脉与火山地貌尖利的棱角。低陷、缓和的湿地取代了前寒武纪险峻的地貌。

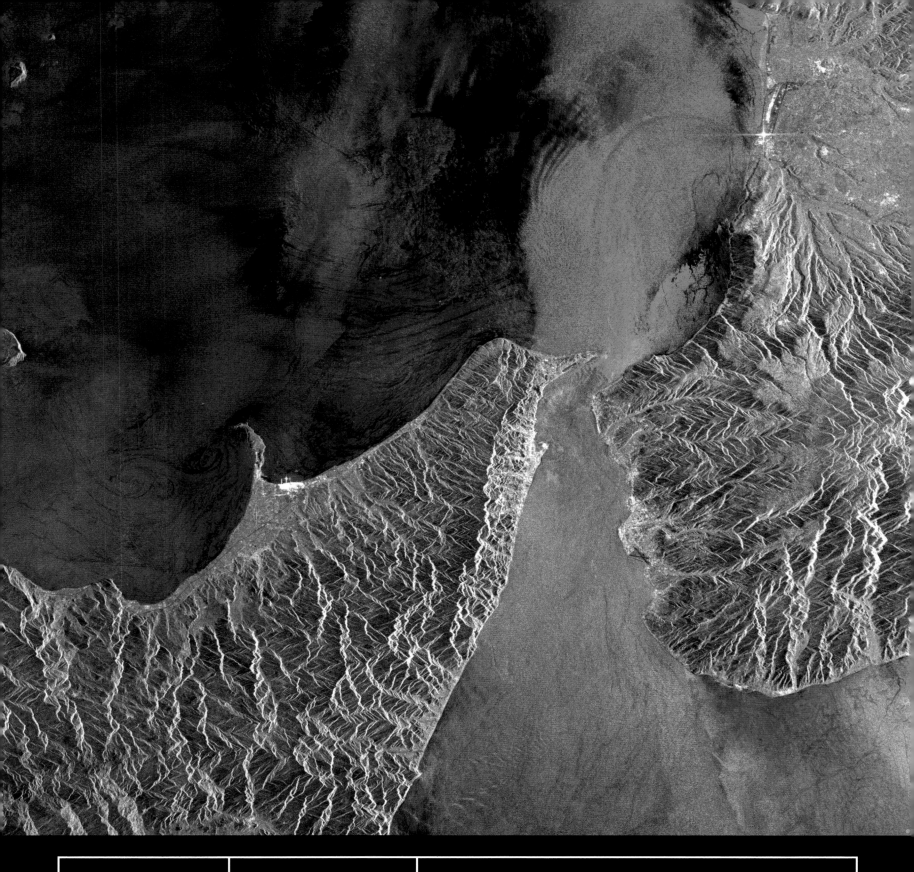

墨西拿海峡

地中海

在古希腊神话中，海神波塞冬的女儿——卡律布狄斯搅动这里的海水，制造了大漩涡。而今天，雷达回波成像揭示出了卡律布狄斯大漩涡真正的形成原因。但即使是轨道雷达也无法解释卡律布狄斯大漩涡对面的斯库拉——希腊神话中，长着狗脑袋、拥有十二条胳膊和鱼尾巴的吞吃过往水手的女妖——的下落。

博斯普鲁斯海峡

地中海 & 黑海

大约在公元前5600年左右，随着地中海水位的上升，每天都有42km³的水通过狭窄的博斯普鲁斯海峡注入黑海。在此之前，黑海只是一个淡水湖。黑海沿岸地区的水下考古研究发现，如今的水面下有着大量人类居住过的痕迹。或许，人类对于大洪水的远古记忆就是在这里被编入了流传至今的诺亚方舟传说。

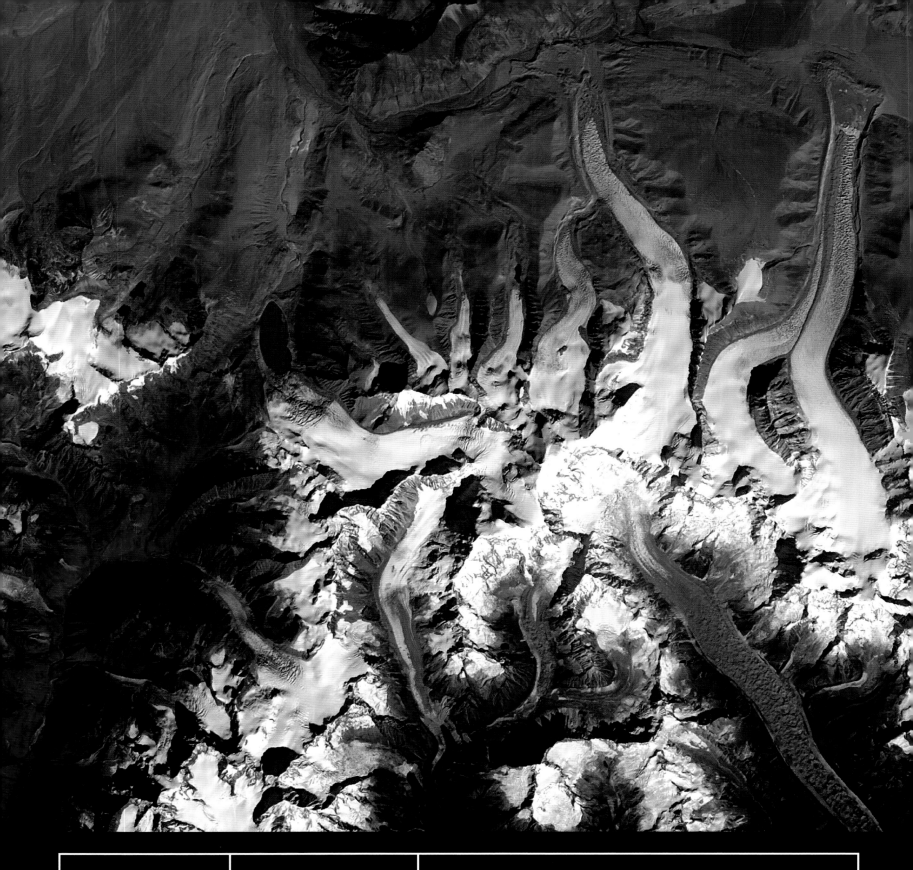

喜马拉雅

冰川

不丹

　　1.8万年前，在末次冰期的鼎盛期，冰川覆盖了地球表面的三分之一。如今，冰川表面积不到当时的十分之一，并且它还在继续消融。最近几十年来，冰川消融的速度正在加快。在喜马拉雅山不丹段，冰山融水孕育出了更多湖泊，而冰川本身则不断地向更高海拔地区退去。

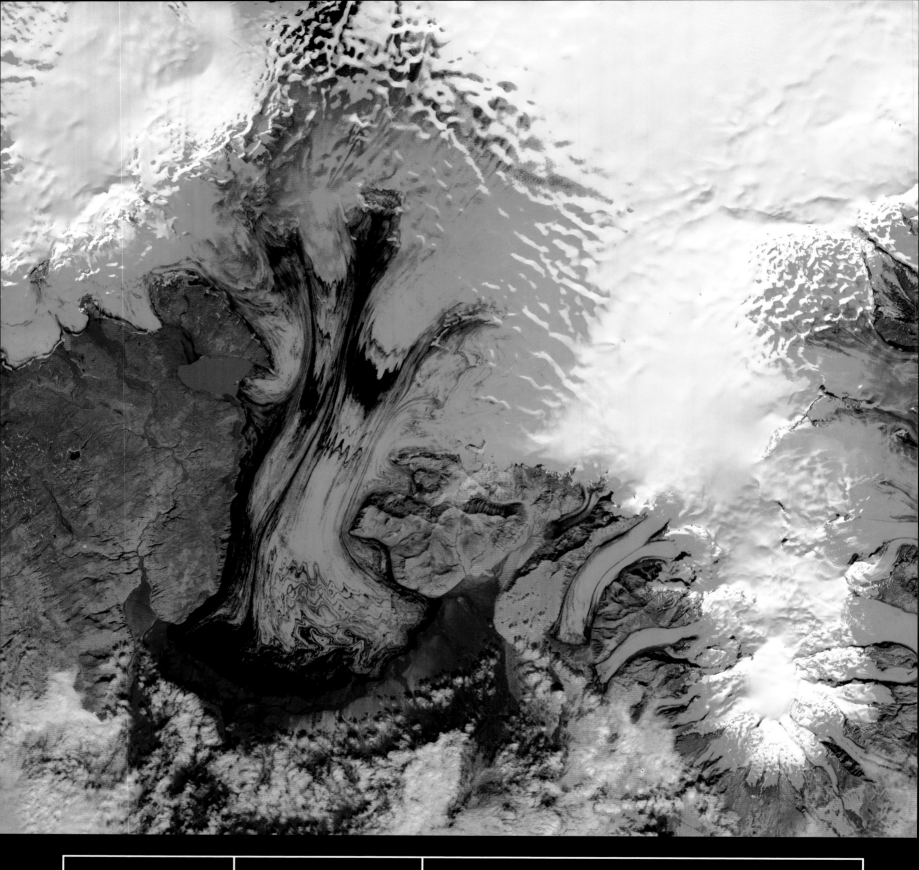

瓦特纳冰帽

冰岛

只要落下的雪花永不融化，假以时日，它们就一定能汇聚成冰川。假设在几千年的时间里，人类持续地将雪片汇聚起来，那么我们一定可以获得一片冰川——这条由巨量、紧实的冰构成的"河"将在自身的重力作用下，缓慢地流动起来。如果有充足的原料，冰川可以演化为冰帽，就像瓦特纳冰原一样，覆盖整片山脉。

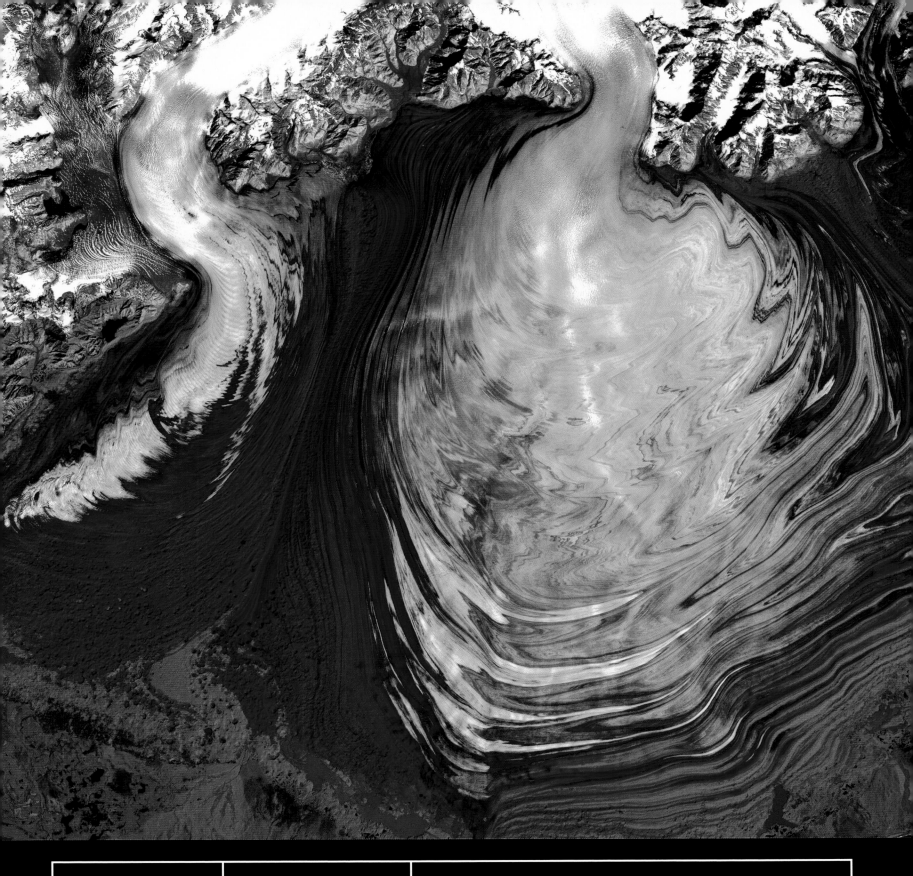

马拉斯皮纳冰川

美国阿拉斯加

从山脉中溢出的马拉斯皮纳冰川,仿佛离开了深山巢穴的野兽——它吞噬了阿拉斯加低地将近3000km²的土地。这幅红外图像展示了这头野兽的解剖学结构:外围了无生机的红色是饱经侵蚀和摩擦的破碎岩体,亮蓝色的涟漪状冰层混合着破碎的岩体,缓慢地从半山腰剥落下来。

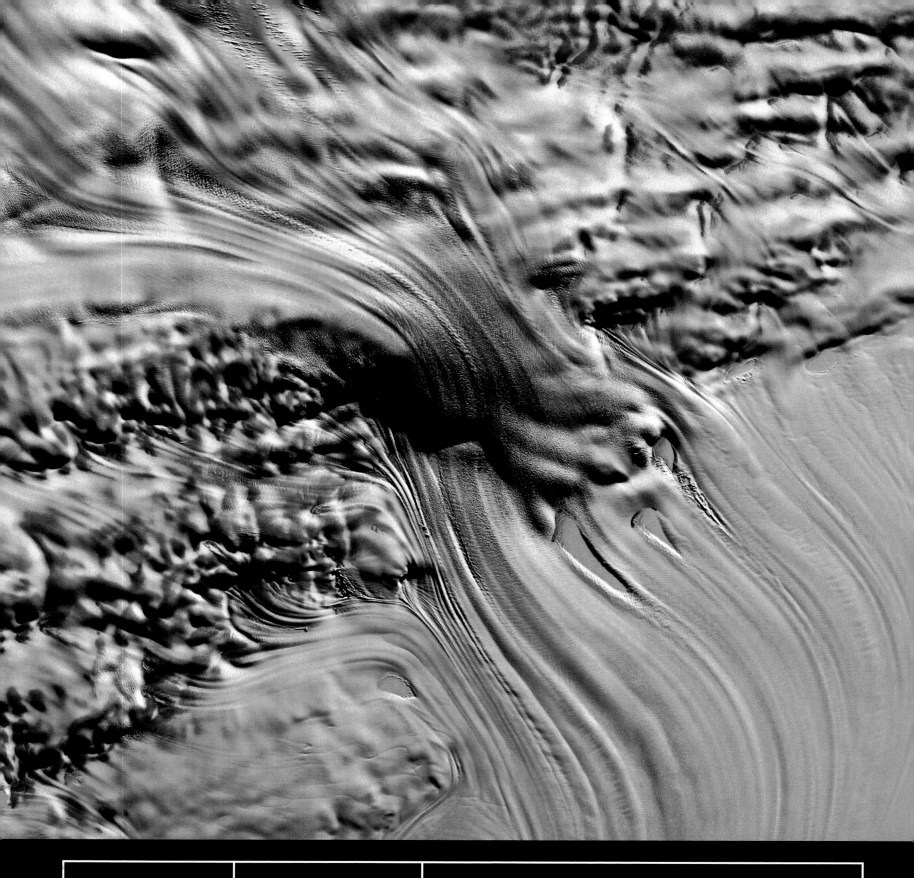

兰伯特冰川

南极洲

覆盖面积达 100 万立方千米的兰伯特冰川是地球上最大的冰川。它每年从南极东部冰盖向南冰洋输送大概 330 亿吨的的冰。这些平均厚度达 4.5km 的冰山储存着地球淡水总储量的 70%。因为其质量太过巨大，地壳为此下沉了 900m。

麦克默多旱谷

南极洲

在南极洲一望无际的冰雪荒原上，麦克默多旱谷裸露的岩石就好像绿洲一样，令人眼前一亮。然而，这些山谷并不完全干旱。它们拥有一些为冰盖所覆盖的湖泊，一个盐分含量高到不会因为风的吹拂而泛起涟漪的湖泊，以及南极洲自己的"亚马孙河"——奥尼克斯河。每年夏季，奥尼克斯河会拥有 19km 长的活跃的河道，这使它成为南极洲最强大的水系。

厄瑞玻斯冰舌

南极洲

作为厄瑞玻斯山的冰川向下延伸的一部分，锯齿形的冰舌一直延伸进入南冰洋。在麦克默多站附近 12km 范围内进行的考察证实，冰舌正在以每年 160m 的速度生长。夏季，即使海冰融化，冰舌的剩余部分仍旧能够在水面上屹立不倒。

威德尔海

浮冰

南极洲海域

威德尔海的海面几乎挤满了浮冰。通过雷达的照射，我们发现它看似光滑的表面其实是由无数新老浮冰构成的奇幻迷宫，厚度从几厘米（显示为蓝色或灰色）到几千米（显示为红色）不等。英国著名探险家沙克尔顿在 1915 年进行的那次南极旅程中，见到了威德尔海浮冰狰狞的面目。"坚韧号"探险船在被困 10 个月后，最终在浮冰群的挤压下破裂了。

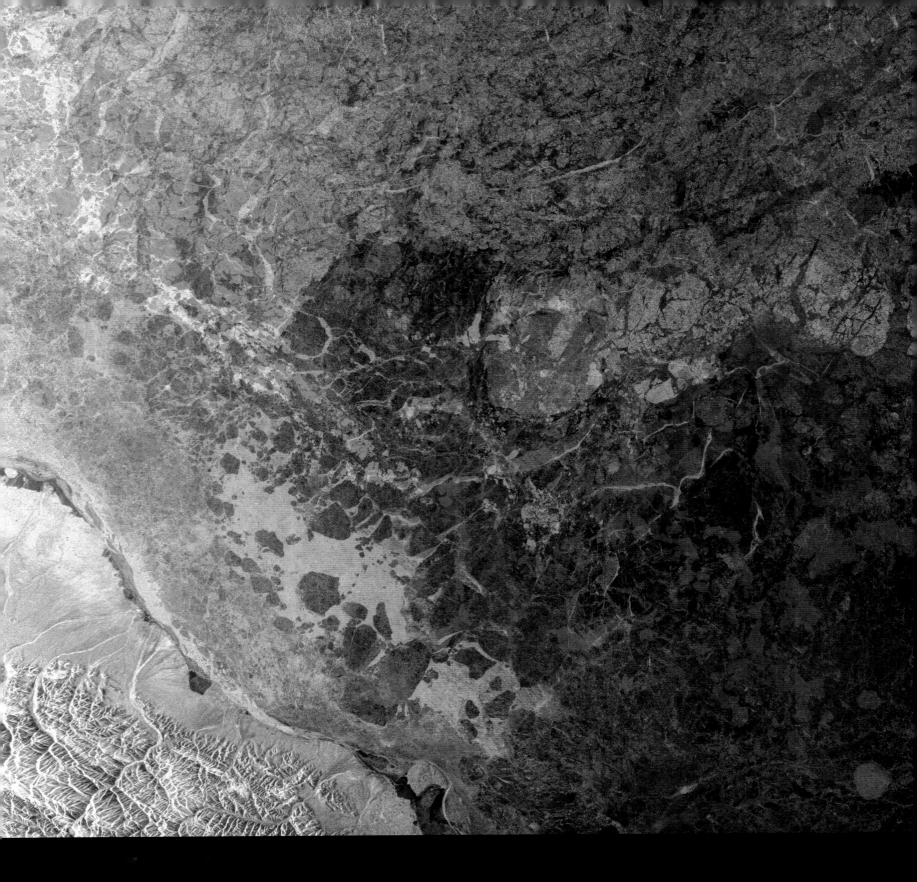

威德尔海

浮冰

南极洲海域

在威德尔海北缘，极地东风带强劲地吹拂南极洲的海冰和冰盖，从而使这里形成了一个直径达 40~60km 的顺时针漩涡。威德尔海是深海洋流的动力来源之一。这些洋流在环球旅行中运输热量，并在全球气候形成中扮演至关重要的角色。

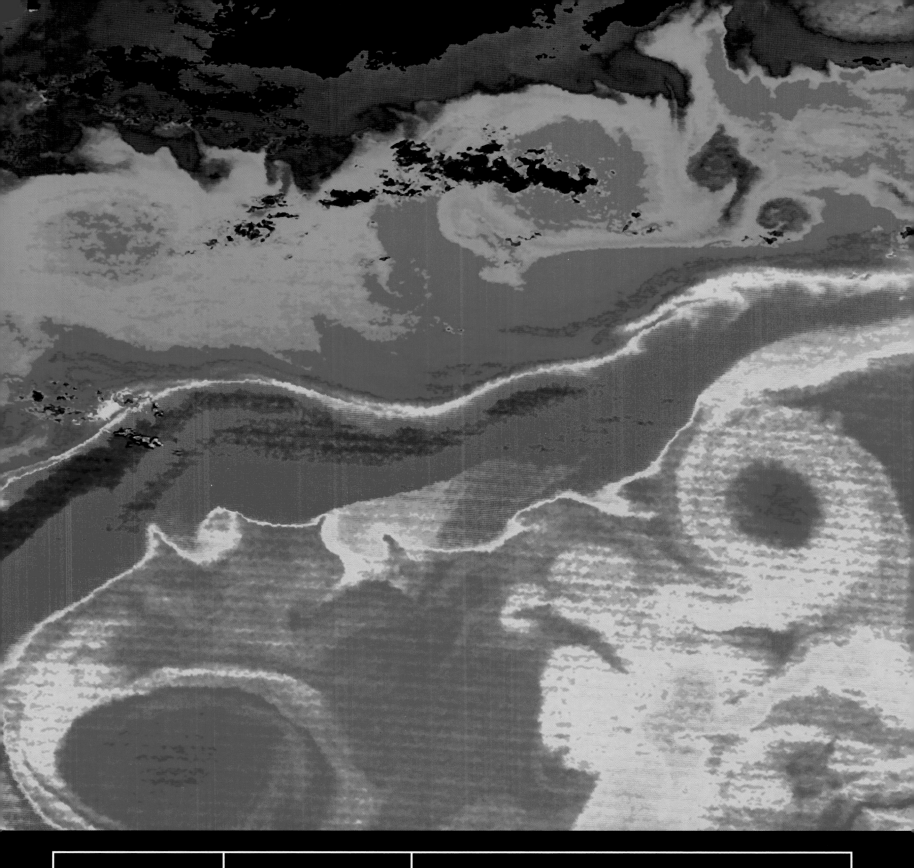

墨西哥湾

暖流

大西洋

　　1万年以来，这条处于海面之下的暗流一直在大西洋中蜿蜒潜行，它每秒钟会将3000万吨水从赤道附近运送到欧洲西海岸。墨西哥湾暖流带来了相当于数百万座发电站产出的巨大热能，这使欧洲西北部地区的温度比同纬度地区高出了9℃，也驱散了沿海水域的浮冰和城市街道上的北极熊。

III

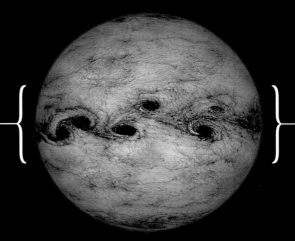

风

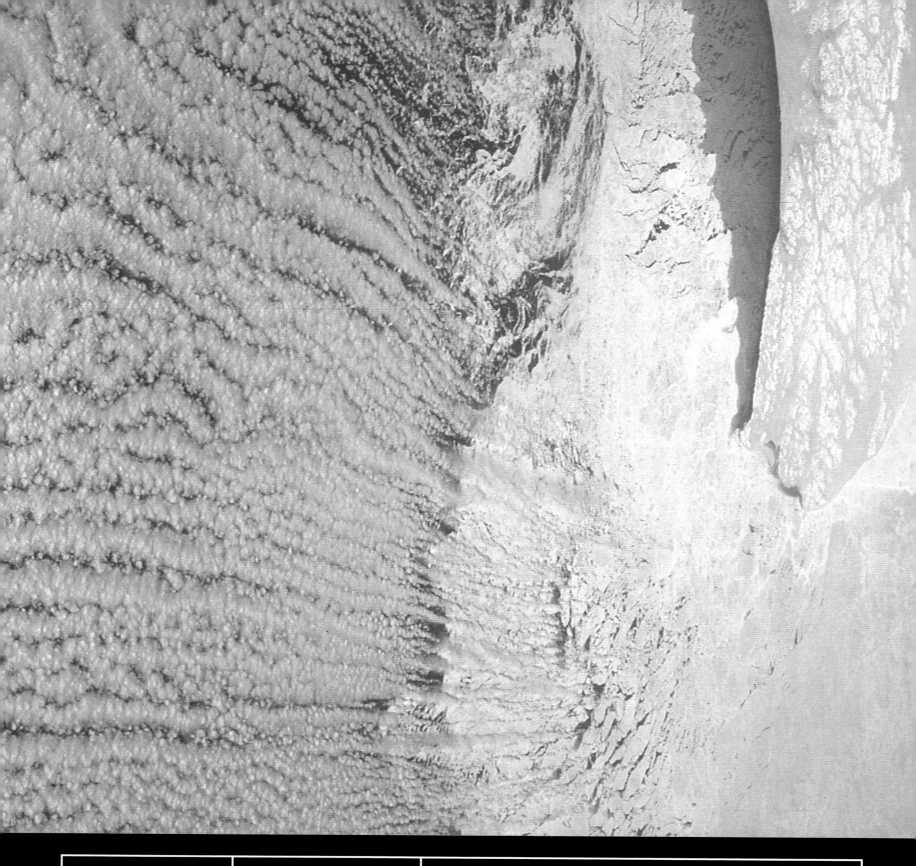

云街

白令海

一个由氮气、氧气、氩气和水蒸气组成的厚度达 190km 的保护壳，将地球与外层空间隔绝开来。如果没有这样一层隔热的大气层，温度将会骤降至零下 50℃，地球将会冻成一颗名副其实的冰球。未经大气层过滤的宇宙射线将无情地轰击地表，并杀死大部分生物。地球的"气态外壳"也使它呈现出了与其他行星迥异的色调——蔚蓝。

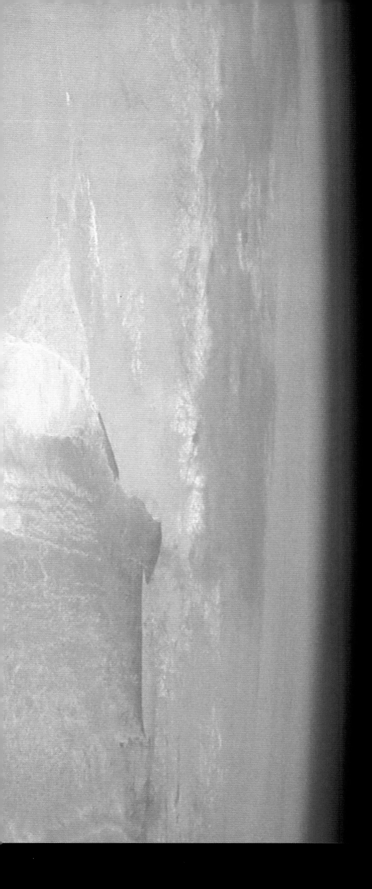

水汽

太平洋

地球大气层中充满了沸腾的能量。即使是一小片云彩，也隐藏着丰富的热对流信息。在阳光的作用下，这些水蒸气向上蒸腾、冷却、凝结，又最终落下。在红外视角下，可以清楚地看到这样的过程遍布整个地球。它们在赤道与极地间重新分配热量，激起喷射气流，并驱动洋流。

厄尔尼诺现象

太平洋

　　每隔 2~7 年，1000 万吨湿热的水蒸气就会携带巨大的能量横扫太平洋——这就是厄尔尼诺现象。苍茫的天空和无际的海洋通过热交换而产生了非常紧密的联系。如此巨大的能量从大气层中被释放出来，又反过来剧烈地搅动大气层——以每天 1 毫秒的速度减慢地球的自转。

云街

巴芬湾

一股寒冷的下降风自格陵兰冰川吹拂而来，与巴芬湾温暖的水体进行热量与水分的交换后，它变为了一条条平行的积云。在冰冷的岛屿冰帽从海洋吸收大量热量和湿气的同时，这些飘忽的线状云会缓慢地扩散开去。

雷暴

积雨云

巴西

上升的暖湿气柱可以使雷雨云发展至 15km 高，这预示着极端天气的到来。在任何一个时刻，地球上都会发生约 1800 次雷暴；随之而来的是轰击地球的 12 亿次闪电。每道闪电能够将周围的空气加热到 28000℃——这是太阳表面温度的 5 倍。

云端景致

积雨云

刚果（金）

一个如星云般模糊的幻影笼罩在刚果盆地上空——这是一大团积雨云。温暖而潮湿的赤道地区为这种暴烈积雨云，以及由这些积雨云催生的雷暴的产生提供了良好的条件。在一场典型的雷暴中，50 万吨左右的水蒸气被吸入高空，积蓄的势能可以为 10 万人口的城市供电 1 个月。

船舶航迹

北太平洋

　　用云朵作画已不再是大自然的专利。船舶行驶在平静的水面上，经由巨型烟囱排放的尾气被拖在船身后。这些尾气渐渐上升化作层云，久久难以散去。在它的核心深处，云的形成依赖于悬浮在空气中的微小尘埃颗粒。水蒸气需要以这些颗粒为核心，才能凝结成为小水珠。自然界形成的尘埃可以成为水汽凝结的核心，而人造的污染物同样可以胜任这项工作。

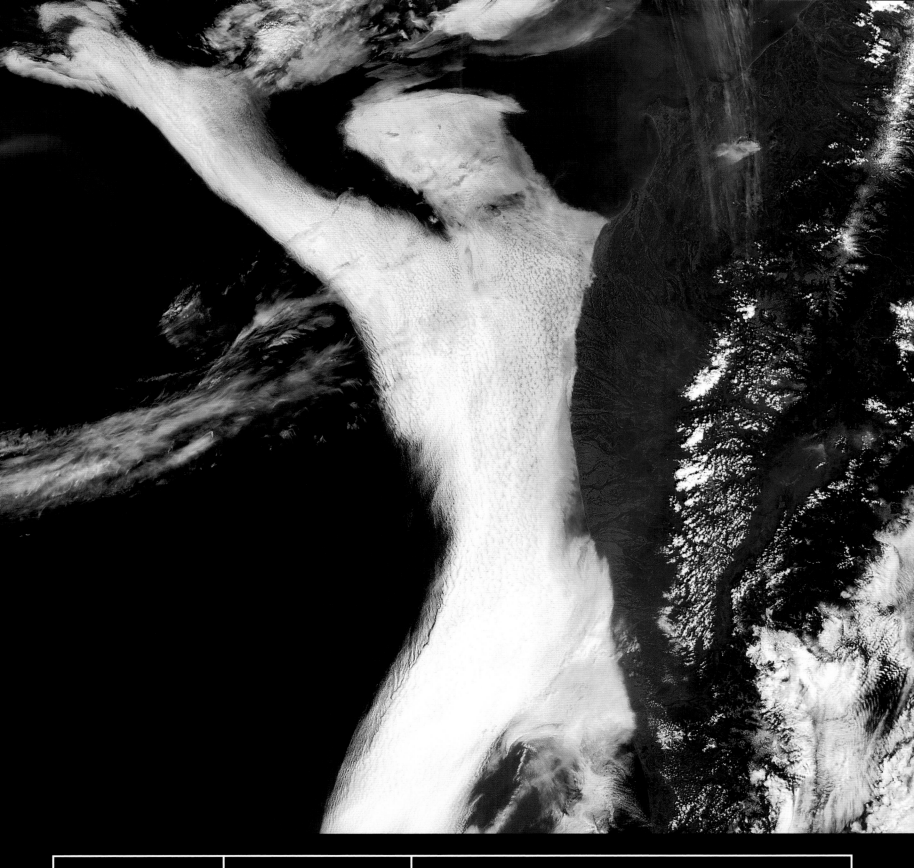

云端景致

鄂霍次克海

1803 年，卢克·霍华德开始着手对云进行分类。他以四个基本特征为标准，编纂了世界上第一部系统研究云的著作——两卷本的《国际云图》。这套书至今仍是相关领域的经典著作。但是所有观测云的人都明白，没有一种图谱——甚至是好几卷本的——能够精确记录空气中水汽的所有复杂变化。

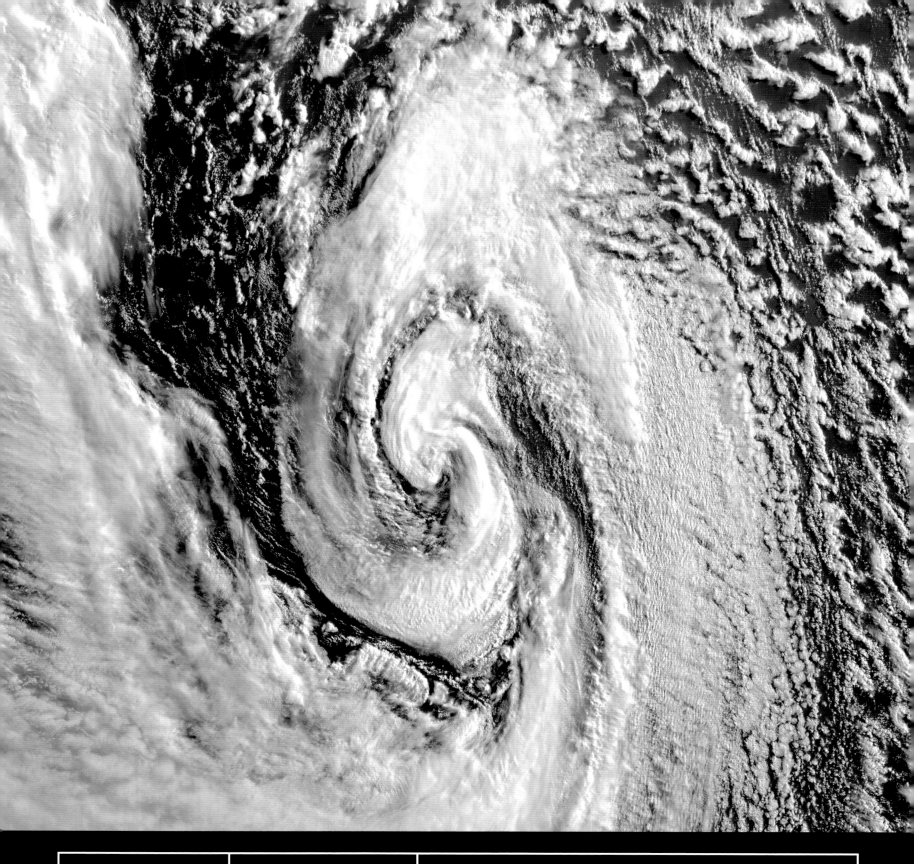

低气压系统

白令海

阳光照射的热量并没有均匀地洒在地球表面，于是就形成了由湿热空气构成的低压槽和由干冷空气构成的高压脊。但是自然界不能容忍这种空气构造。它憎恨一切压力差，它要让高压脊与低压槽对流，甚至不惜制造各种千奇百怪的漩涡云。图中的低压系统就是大自然在肆意地使用它的暴力。

低气压系统

丹麦海峡

地球大气层的总质量大约是 5000 万亿吨——平均每 $1km^2$ 的地表要承受 1000 万吨——因此，即使是最轻微的风也需要强大的动力。在阳光的驱动下，一个个对流环有机地组合在一起，为整个大气层的对流上足了发条。拜科里奥利效应——一种由地球自转产生的力学效应——所赐，地球上所有的流体运动最终都会形成环流。

"伊莎贝尔"

2003 年，五级飓风

北大西洋

即使是每小时 260km 的狂暴风速，也难以掩饰飓风"伊莎贝尔"卑微的出身。由大西洋中部雷暴群孕育，经过热带海洋的滋养，"伊莎贝尔"最终进化成了一台强劲的热力学引擎。其每小时输出的能量相当于 300 万吨当量的核爆炸。在季风和科里奥利效应的共同作用下，飓风"伊莎贝尔"一路向西移动，并最终在北卡罗莱纳登陆。

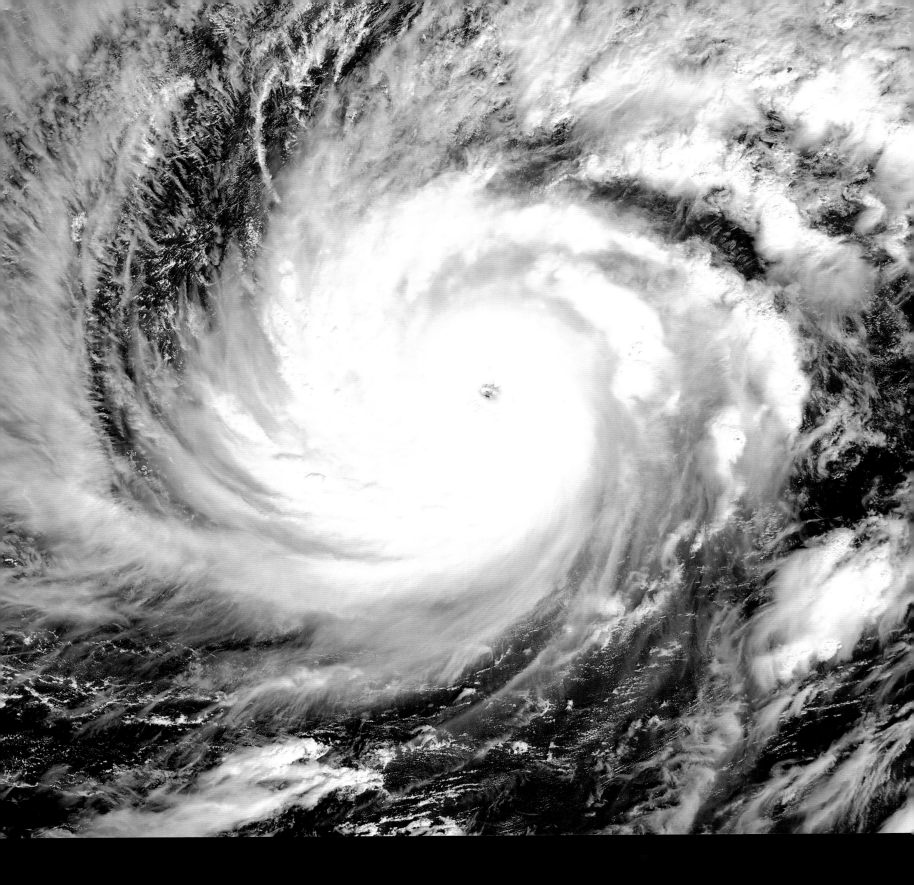

"弗朗西斯"

2004 年，四级飓风

北大西洋

伴随着剧烈的雷鸣和旋转加快的风速，在所有热带气旋的核心部位都会形成一个"眼"——这里拥有极低的气压，相对平静。但是，不要被这里的平静所迷惑，暴风眼的边缘正是驱动整个风暴的引擎。 一旦运转起来，飓风、台风或者旋风就会成为一个能够自我维持的系统：除非遇到陆地或冷空气，否则暴风的引擎将会持续运转下去。

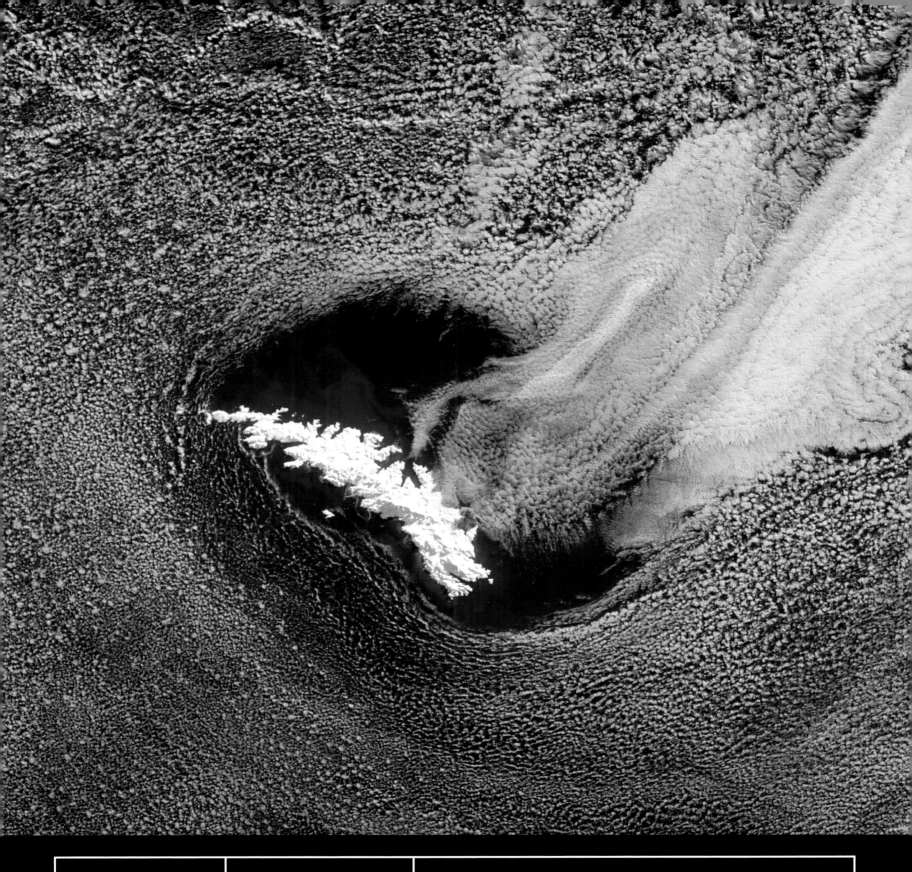

南乔治亚岛

南大西洋

作为构造运动的杰作，南乔治亚群岛突兀地出现在阿根廷以东 2735km 的南大西洋海面上。这个岛屿的存在从海洋和大气两方面打破了这一地区微妙的平衡。该岛屿崎岖的轮廓破坏了洋面上积云的连续性，在南极极地东风带的吹拂下，岛屿上空重新形成了浓厚的层积云。

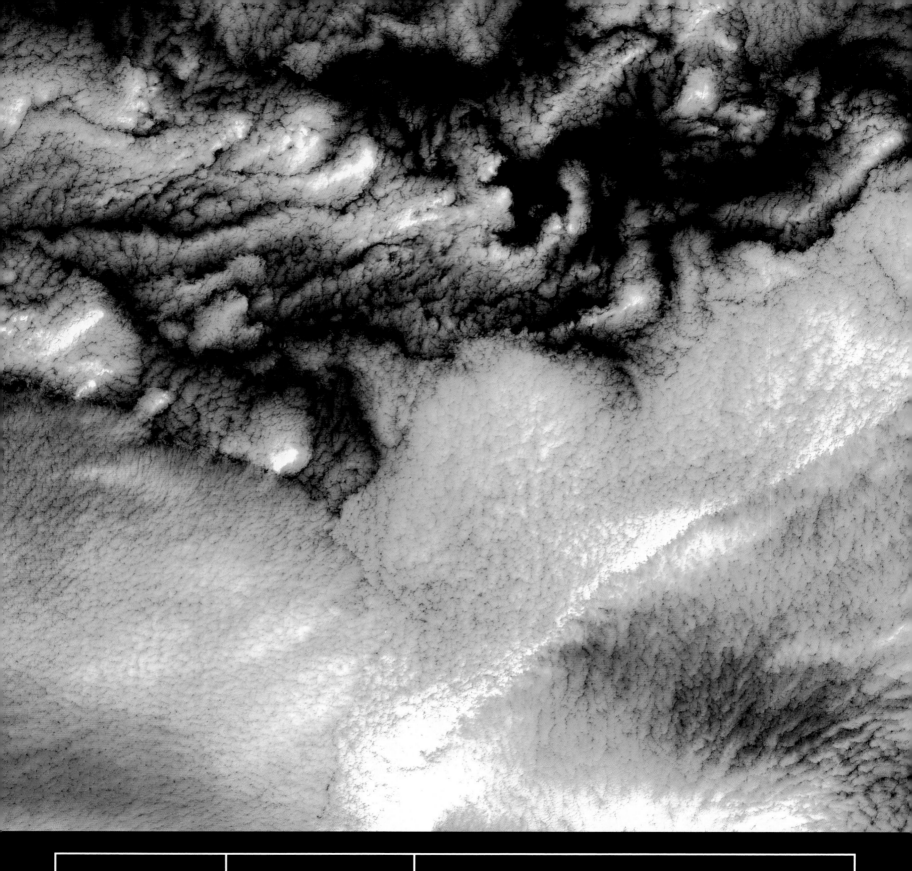

阿留申群岛的云

白令海

当来自极地的冷锋面遭遇太平洋的温暖气流时，阿留申群岛就被这样一片奇异的云景所笼罩。在任何一个拥有大气层的行星上，都会出现这样的景象——当然云层的化学成分肯定会有所不同：木星和土星的天空中挂满了氢云，天王星和海王星的大气中漂浮着甲烷云，而金星则被浓密的硫酸云包裹得严严实实。

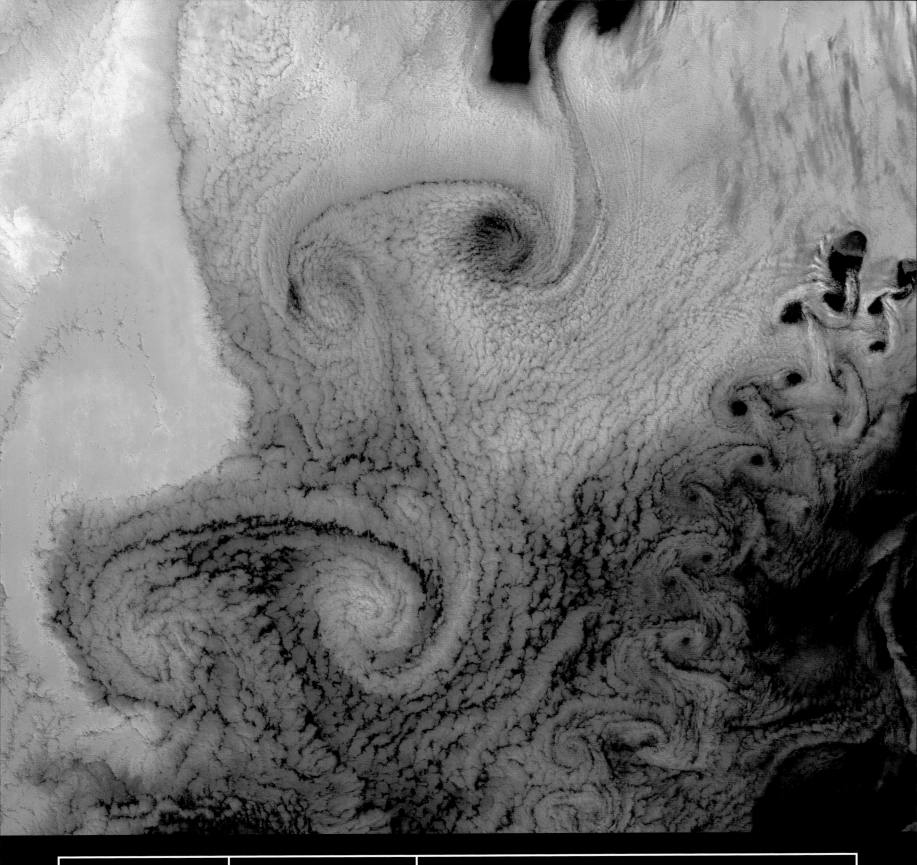

卡门涡街

阿留申群岛

此刻，终年被云雾覆盖的阿留申群岛穿透云层，生成了一系列卡门涡街的大气波动，也进而生成了这片看起来就像是巨型气态行星表面波纹的景象。事实上，这些花纹状涡流的形成机制深受流体力学的影响。这种大气现象被命名为卡门涡街——西奥多·冯·卡门便是第一个描述这种大气现象的物理学家。

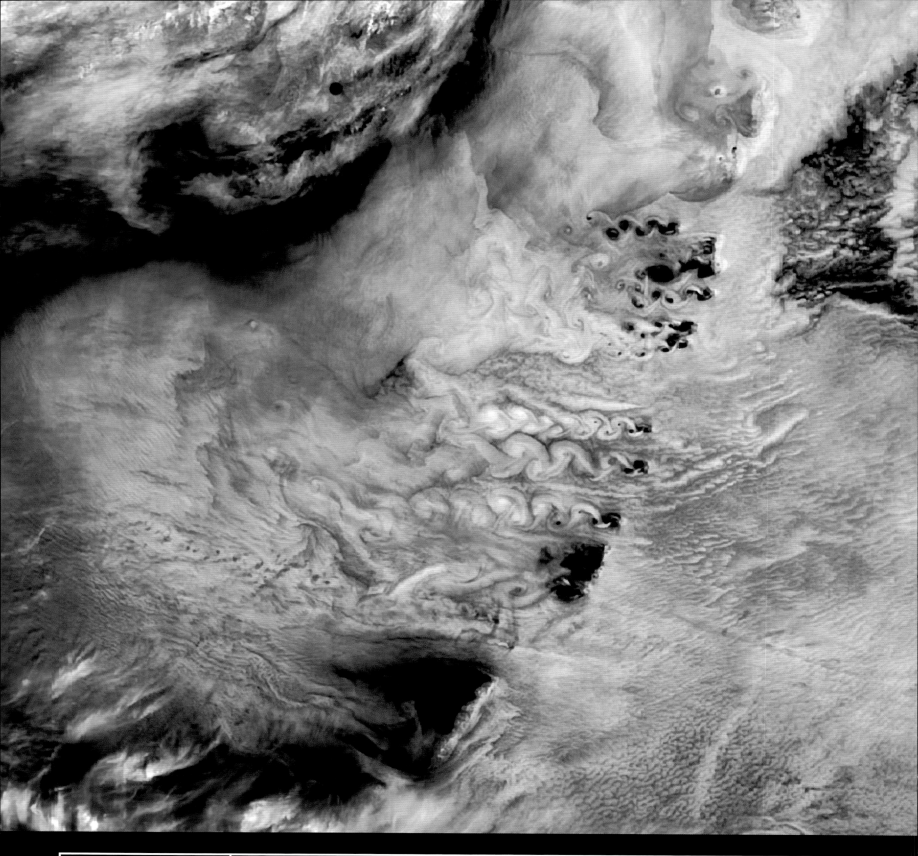

卡门涡街

千岛群岛

在与千岛群岛的火山岩主体（在图中显示的是布劳顿岛、奇尔波伊岛和奇尔波伊兄弟岛）发生碰撞之后，经过扭曲的空气被卷入岛屿的背风处，在高压脊与低压槽之间苦苦挣扎。一旦旋转起来，这些大气旋涡就会将高纬度地区的干净大气卷入其中。而涡街的中心则是死寂一般平静的暴风眼。

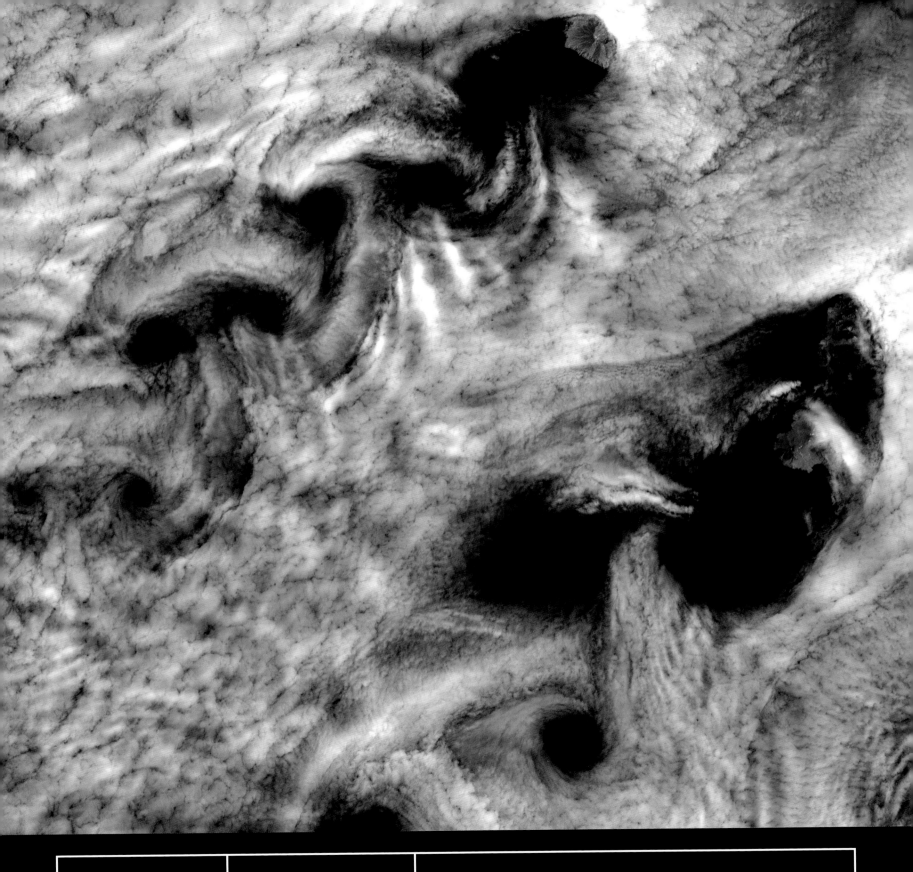

卡门涡街

千岛群岛

　　大量来自太平洋的云海拍打着千岛群岛，涌入鄂霍次克海，在层状火山顶拖出一条条长长的"发辫"。 这些涡街通常绵延数百千米，装饰岛屿的山峰。它们在云端的形态揭示出了它们形成的秘密。

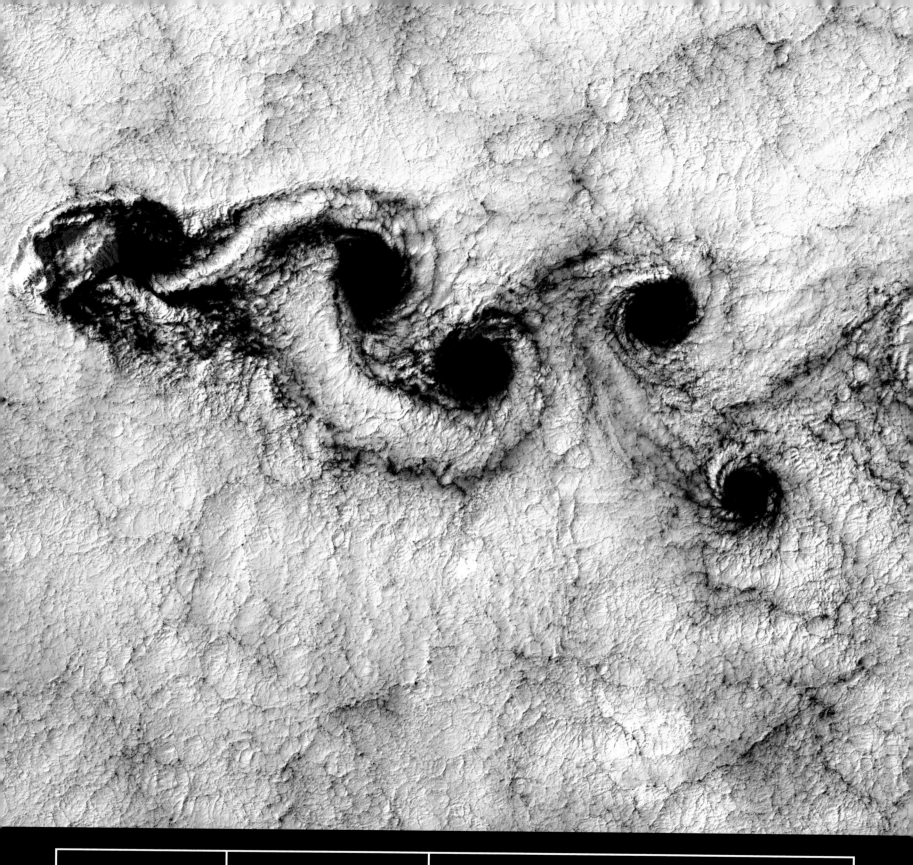

卡门涡街

亚历杭德罗·塞尔扣克岛

在洋面上空 1.6km 处，风驱动着层积云，仿佛在亚历杭德罗·塞尔扣克岛的山峰顶端吹起了回旋舞舞者的衣角。镜像一般的两股涡流在山的两侧周期性地旋转脱出，随即向下风口流去。它们蕴藏的能量随着转动而逐渐消散，最终将会重新变为平淡无奇的云彩。

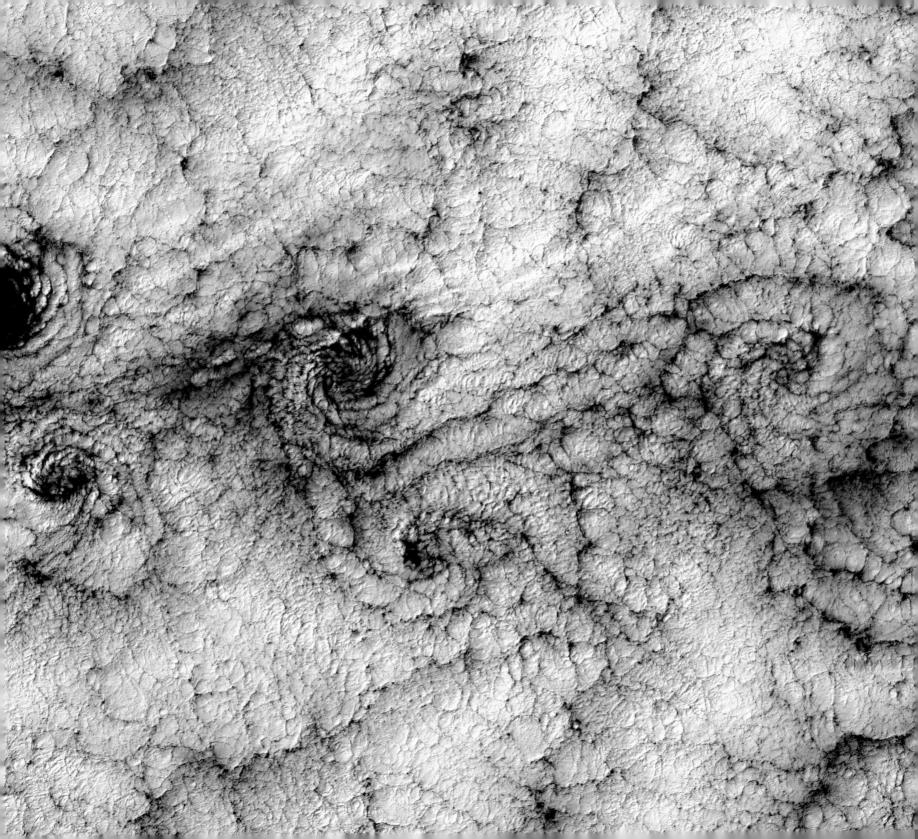

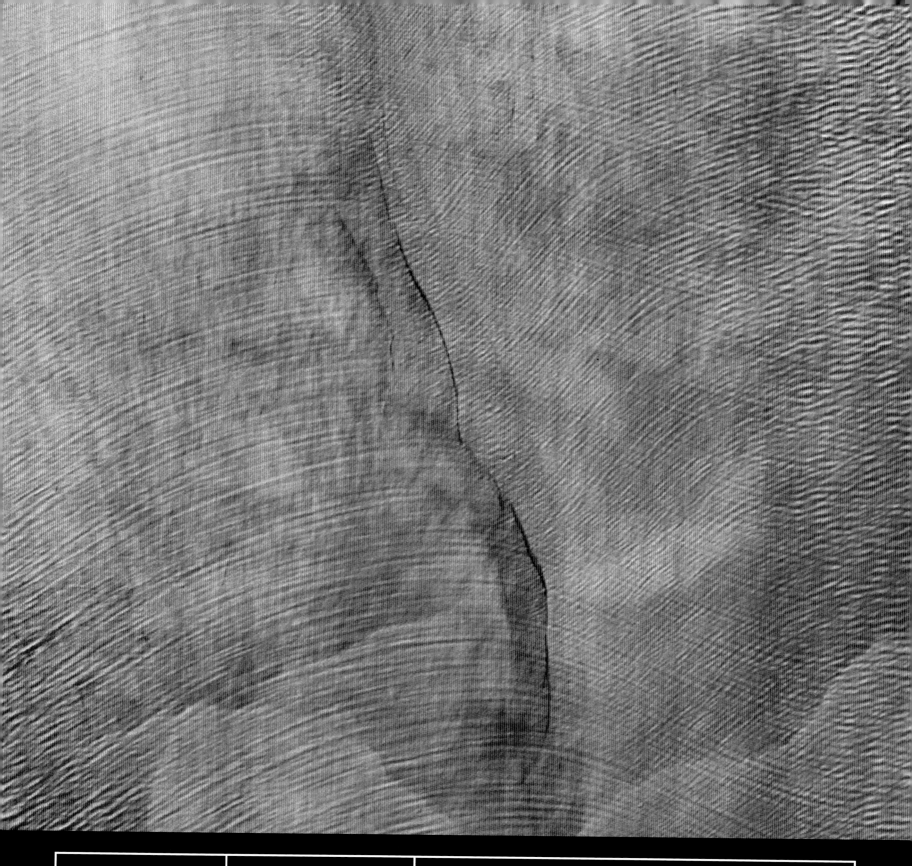

海浪

印度洋孟加拉湾

风和水之间的摩擦会产生波浪，它们能跨越海洋。与洋流不同，海浪传播的是能量而不是水——每千米浪高 1m 的海浪拍击海岸所输出的功率就相当于 13400 马力。在能量的作用下，海浪与海浪之间会碰撞和交叠在一起。随之发出的摩尔干涉条纹在整个孟加拉湾扩散。

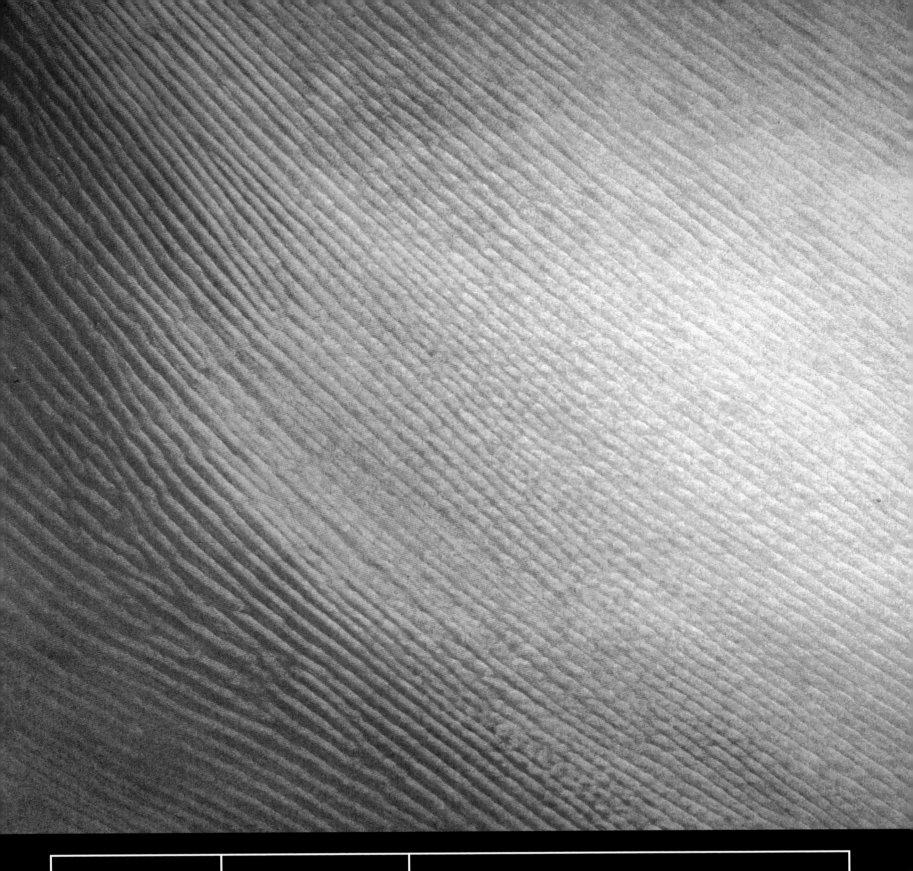

鲁卜哈利

沙丘

沙特阿拉伯

在风力的作用下，一波又一波的沙丘驶向地球上最大、最荒凉的沙海。在这块大小相当于法国领土面积的区域中，每一个沙丘脊线都可以自由迁移。鲁卜哈利沙漠（鲁卜哈利的原文为"Rub'al-Khali"，意为空旷的四分之一）的大部分地区都从未有人涉足过。面对这个神灵出没的无水之地，连贝都因人也都尽量避免进入其中。

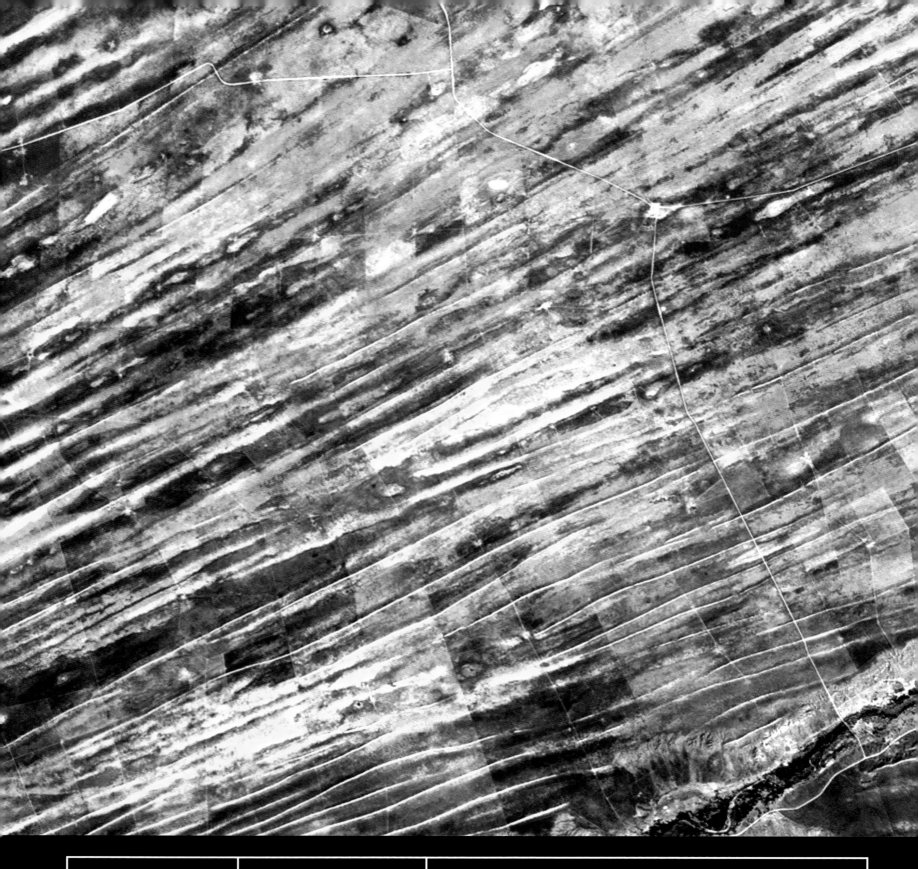

卡拉哈里沙丘

纳米比亚

纳米比亚中部地区，卡拉哈里沙漠边缘地带的平行沙丘群正在一寸寸地蚕食曾经肥沃的土地。图中茂密的植被以红色呈现。注意图中央的红色圆点，它标示出了一个中枢灌溉系统。这表明，虽然这片土地正在逐渐沙漠化，但是仍旧有坚强乐观的农民在这片土地上辛勤耕耘。

列吉斯坦沙漠

阿富汗

　　地球上的沙漠中，一共有 5 种不同形态的沙丘。例如，新月形沙丘经常出现在沙漠的边缘，它们长长的弧尾显示出当地盛行风的方向。在这里，随风流动的沙丘遍布列吉斯坦沙漠，终而汇聚成绵延上百千米的沙丘脊线。

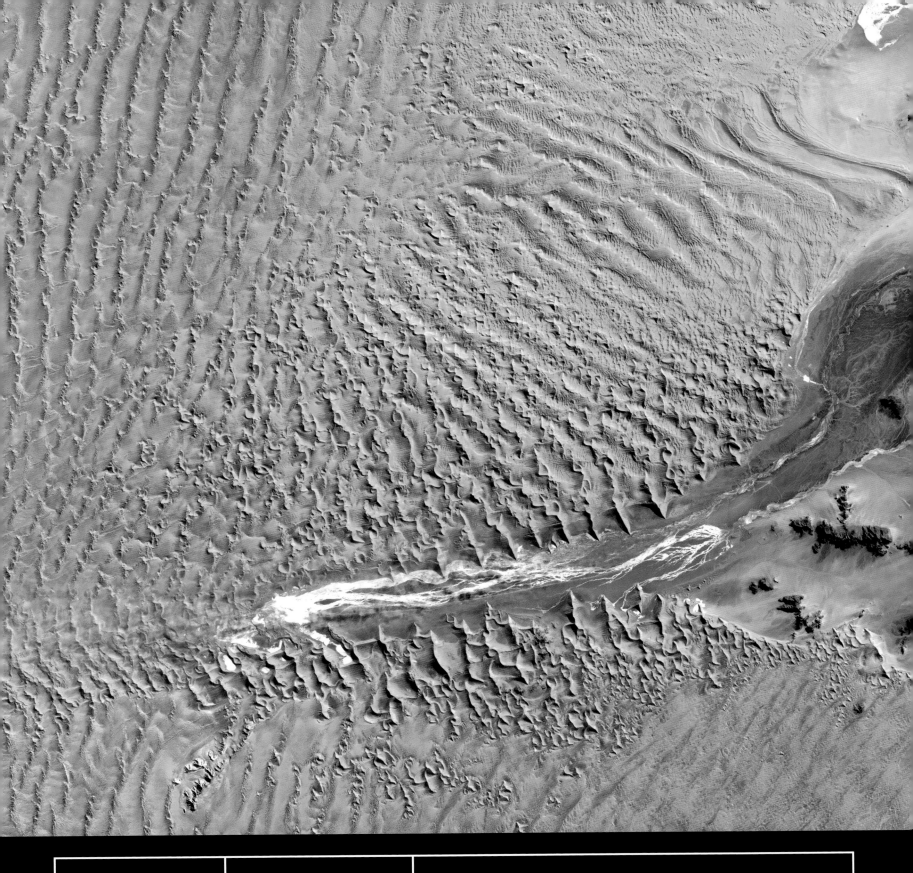

纳米布沙漠

纳米比亚

在 8000 万年的时间里，地球上最古老的沙漠有足够的时间雕琢这片 300m 高的沙坡。人们尚未探究清楚沙丘的演化过程。实际上，沙粒极细的颗粒状特性使研究其流动的数学模型非常接近大气湍流扰动的模式。

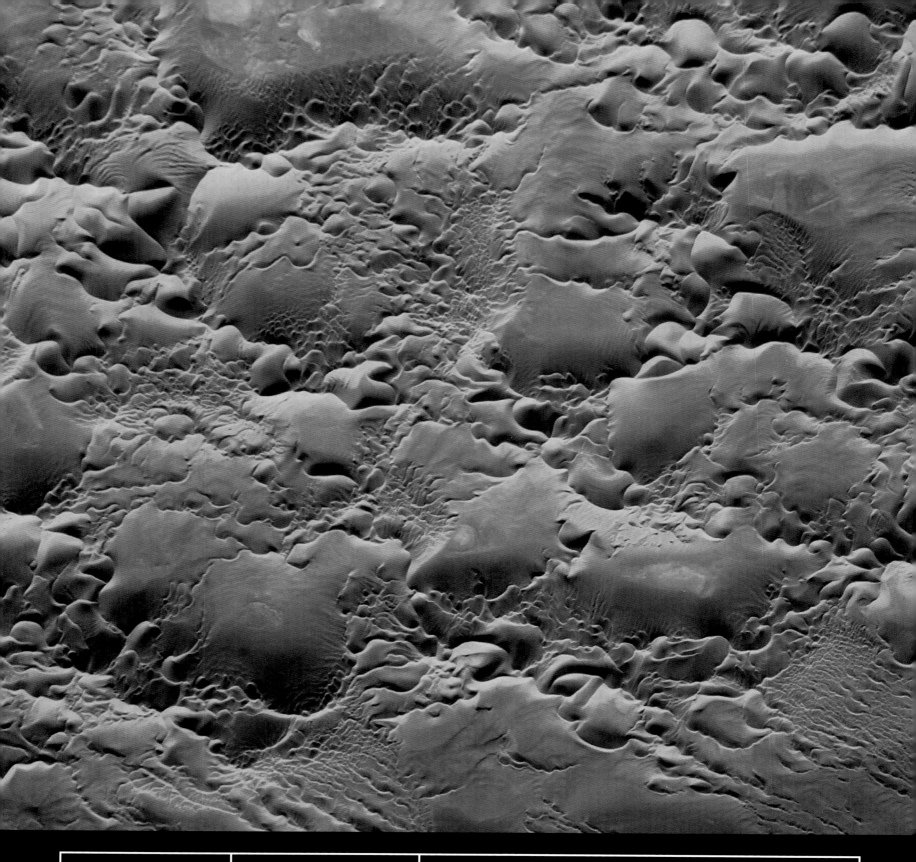

伊萨万沙漠

阿尔及利亚

复杂的风可以塑造出一个活跃的沙丘体系。在这个体系中，多种沙丘济济一堂。但是，最令人印象深刻的是星形沙丘——这是风在多个方向上共同作用的杰作。在较大的星形沙丘的两翼和脊线之间，遍布着众多小型的星形沙丘，还有很多镶嵌其间的沙漠盆地。而残留在沙漠盆地底部的是水分蒸发后留下的盐碱。

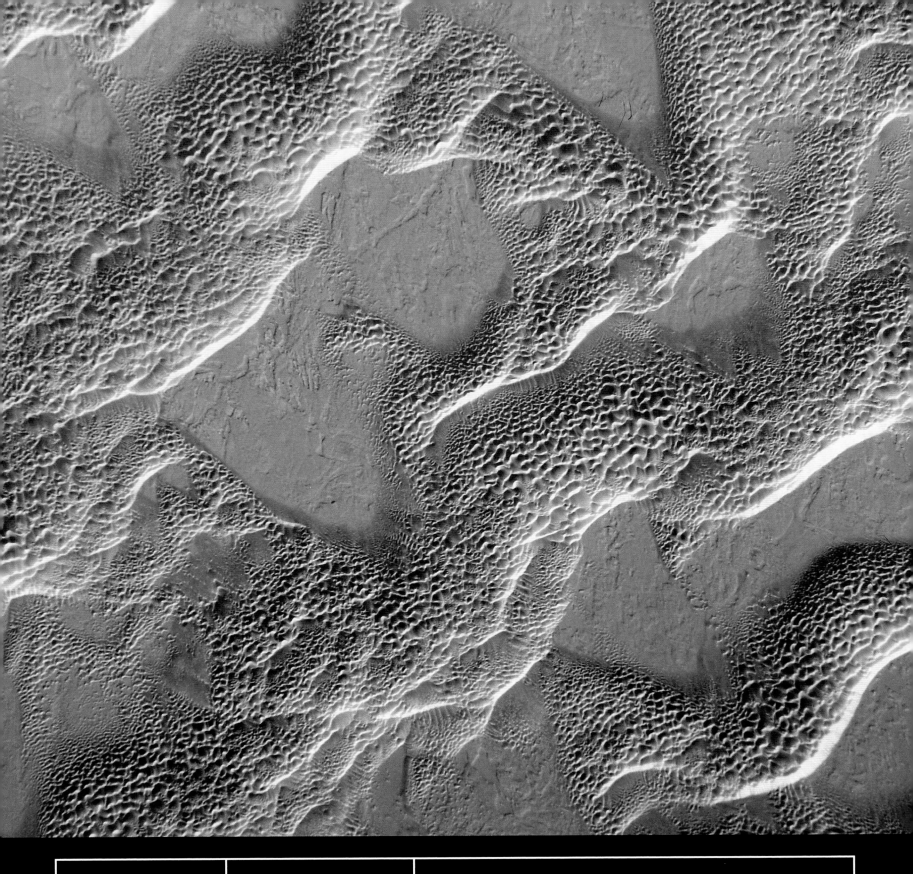

塔克拉玛干沙漠

中国新疆

作为世界上最大的新月形沙丘的故乡，塔克拉玛干沙漠被生活在其边缘的居民称为"有去无还之地"。这些大型的新月形沙丘周长可达3km，其周围往往依附着很多不规则的碎泡沫状的小型结构。正如一位踏上不归路的旅行者记述的那样："大沙丘套着小沙丘，小沙丘上又背负着更小的沙丘。如此往复，仿佛无尽的沙丘之海。"

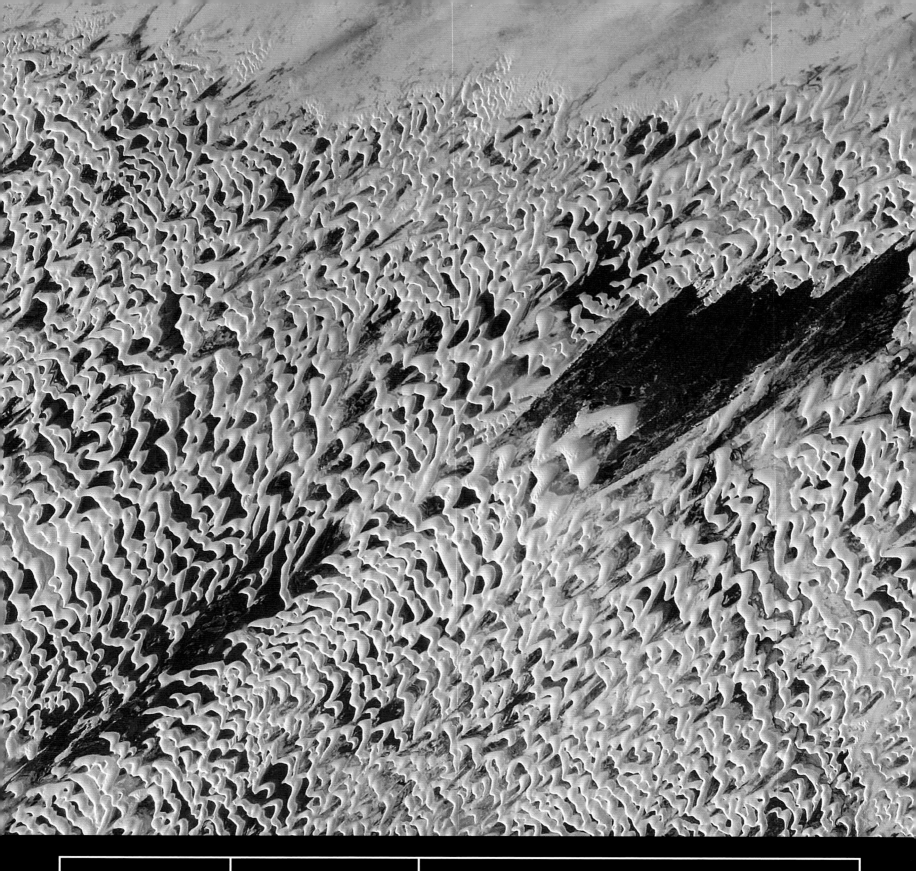

海岸沙丘

巴西

在大西洋季风狂暴的舞动之下，新月形沙丘张牙舞爪地吞没了巴西北海岸 100km 的区域。尽管这里的降水量是撒哈拉的 100 倍（沙丘之间的蓝色凹陷实际上是淡水池塘），但是拜强劲的风力和充足的沙尘所赐，这里只有活跃的沙丘和贫瘠的植被。

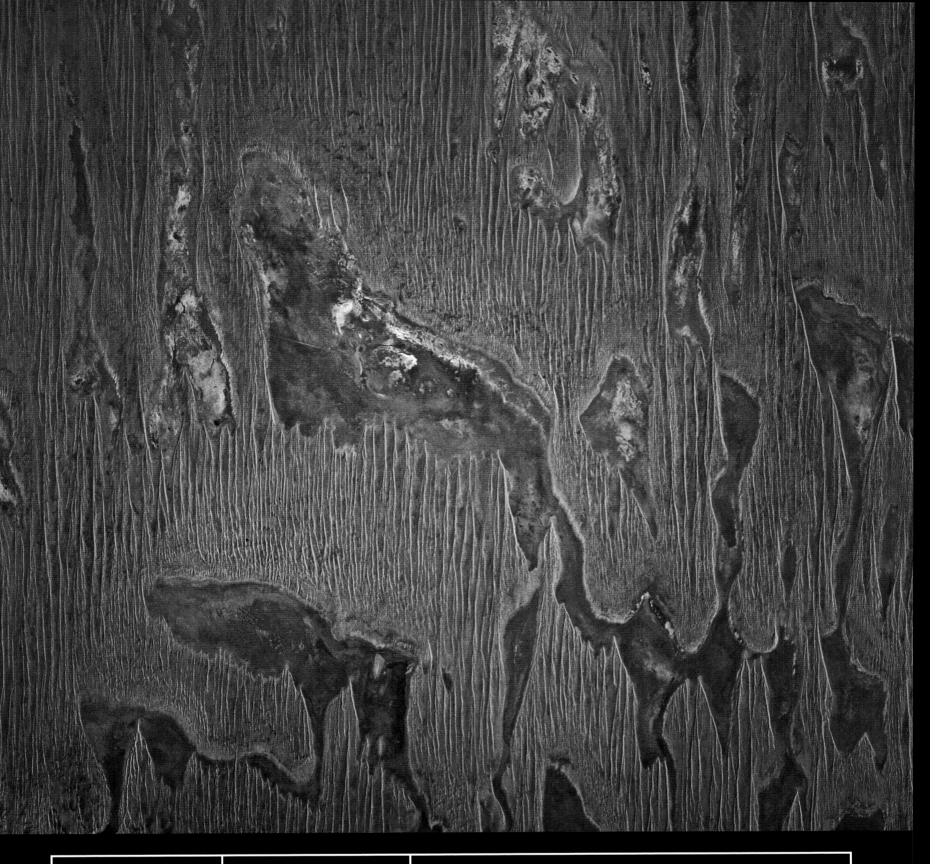

辛普森沙漠

澳大利亚

澳洲大陆的腹地被一系列无穷无尽的波纹状沙脊所覆盖。这些沙丘在风的驱动下一路向北，最终在干涸湖泊的盐壳面前停下了移动的脚步。这些波浪状脊线的顶点有 30m，每个顶点之间隔着 300m 宽的低槽。

沙暴

摩洛哥 / 加那利群岛

　　并非所有的沙子都老老实实地待在沙丘上，每年都有十几亿吨的沙粒被风吹到大气层中，并散布全球。在这里，蓬头垢面的撒哈拉沙漠正将它的爪牙伸向加那利群岛。海浪拍打着位于群岛最北端的兰萨罗特岛，这预示着风暴即将到来。

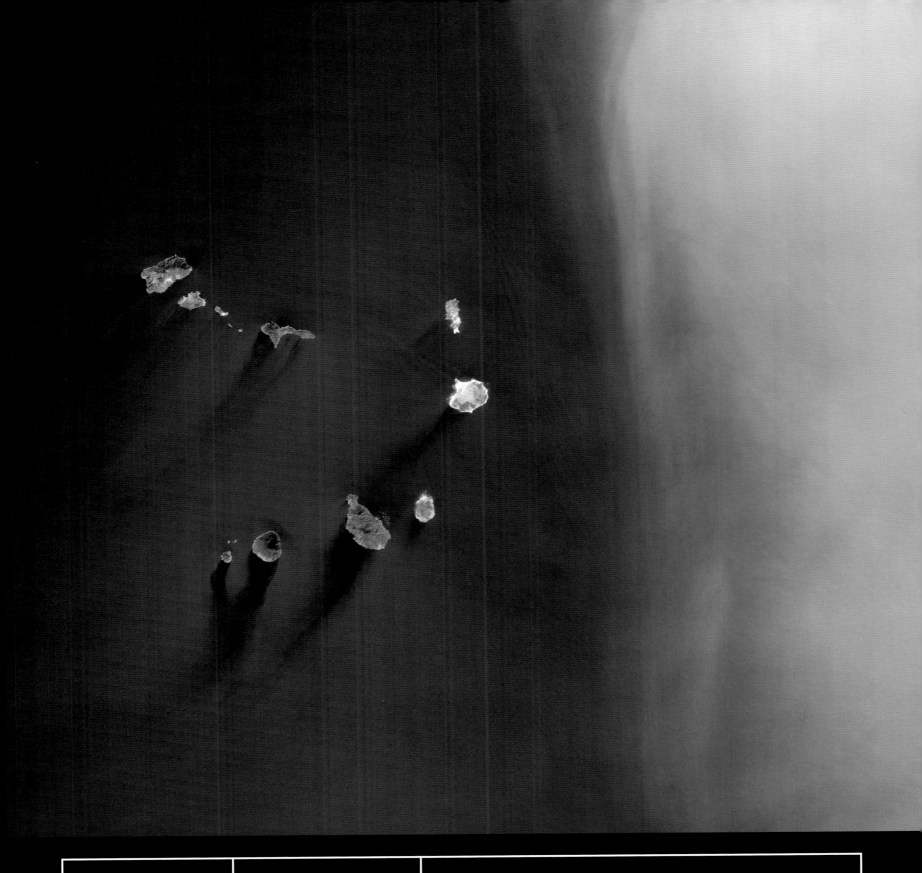

沙暴

佛得角群岛

面对正在逼近的沙暴之墙，以梯形排列的佛得角群岛严阵以待。乘信风之势，撒哈拉沙暴可以跨越整个大西洋，给迈阿密的天空笼罩上阴霾——甚至可以将矿物质盐分输送到亚马孙地区。火星上的沙尘暴则更加惊心动魄：在那里，遮天蔽日的沙暴常常会席卷整个火星表面长达数月之久。

北极光

加拿大不列颠哥伦比亚省

在速度达 320 万千米／小时的太阳风吹拂下，地球磁场为我们撑起了强大的保护伞。在猛烈的轰击下，地球磁场将太阳风中的一些高速粒子俘获，最终使其掉入地球的两个磁极。在这里，高速粒子带着它们最后的荣耀，将所携带的能量倾倒入大气层，为地球的南北极戴上魔幻般的极光之冕。

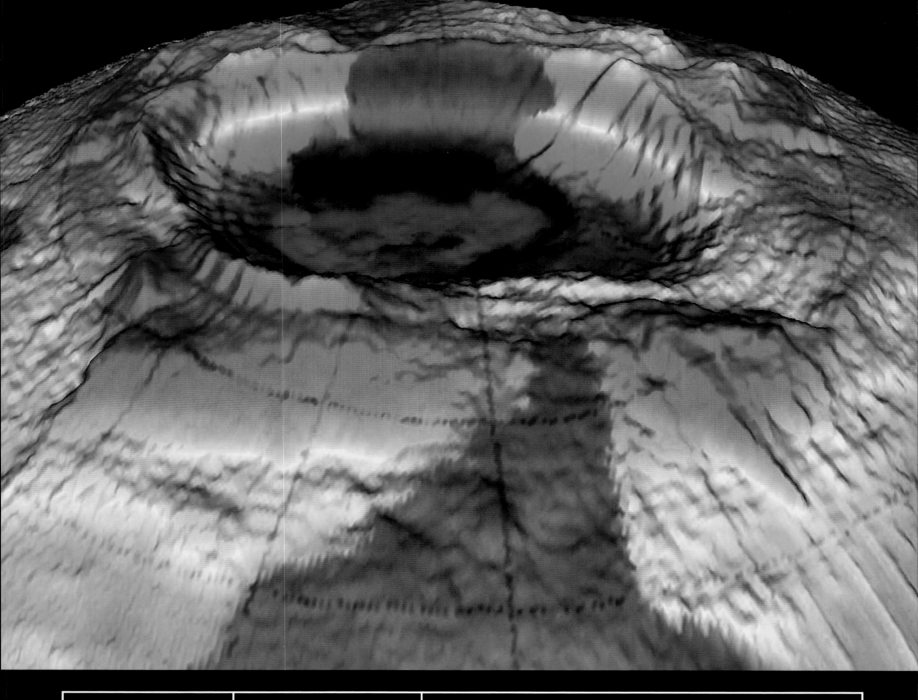

臭氧层空洞

南极洲

　　这幅三维图像显示出了一幅令人担忧的景象：每年春天，南极上空都会出现臭氧层空洞。与正常的氧气分子（O_2）不同，臭氧分子（O_3）由 3 个氧原子构成。臭氧形成的保护壳将我们与那些稀少但却非常有害的紫外线隔离开来。而这层位于平流层上方的臭氧薄膜的平均厚度只有 2mm。

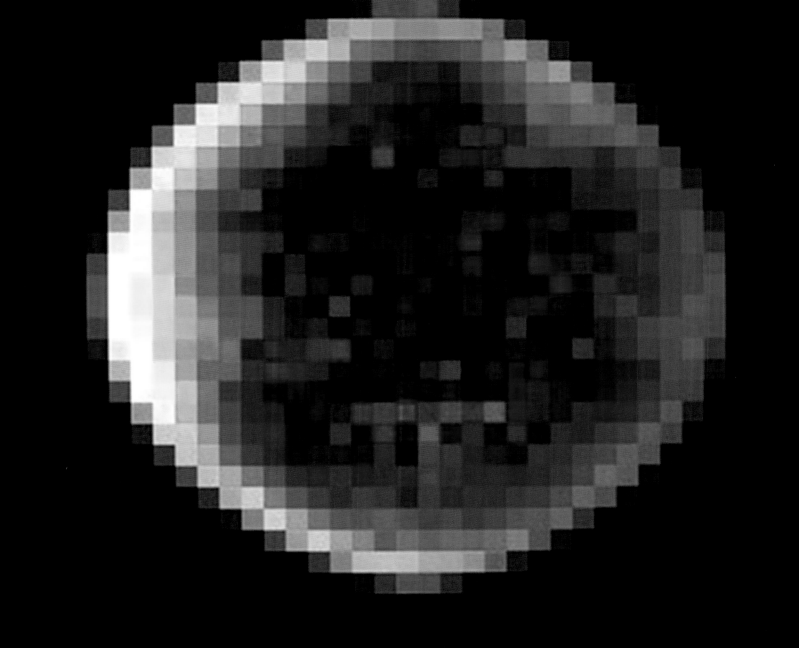

伽马射线

地球

上面这幅像素化的图像历经了 7 年的持续曝光，它是地球的首幅伽马射线肖像。 它显示出地球大气层在拦截入射的宇宙射线、带电粒子和其他电磁辐射时所发出的高能光线。厚度达 190km 的大气层为地球所带来的保护作用，总计相当于 4.5m 厚的混凝土。

火

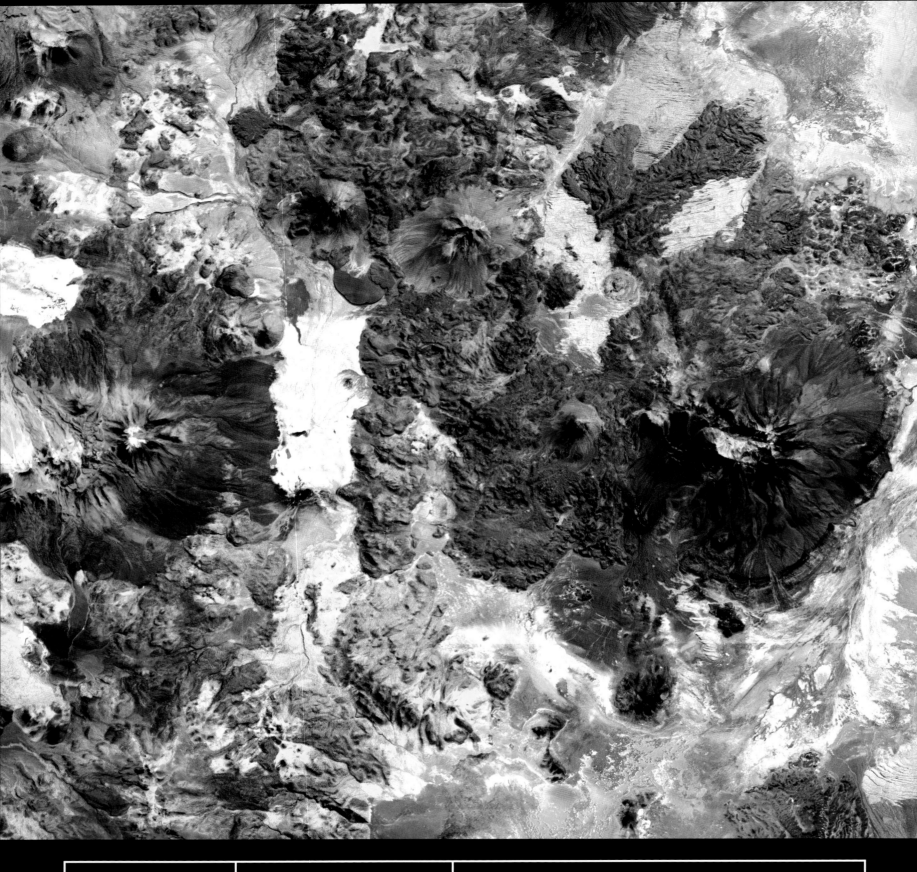

潘帕卢斯萨尔火山

玻利维亚

　　这是红外线成像下潘帕卢斯萨尔火山周围的景象：凝固的熔岩流布满了安第斯山脉诸峰之间的峡谷。大洋板块不断俯冲向美洲大陆地壳的西侧，不仅催生了一系列贯穿安第斯山脉的火山带，而且造就了绵延整个美洲——从阿拉斯加到火地岛——的巨大山脉。

科利马

层状火山

墨西哥

冰雪覆盖的科利马火山突兀地矗立在平原之上，它是墨西哥最为活跃的火山。"科利马"实际上是两座火山的统称。北部那座是早已沉寂的死火山，而南部那座更为年轻的火山，在写作本书时（即 2005 年 8 月），它正处于几十年来最为活跃的时期。

黄石超级火山

美国怀俄明州

在黄石国家公园平静的色调之下，一个巨大且滚烫的间歇泉沉睡其中。在距今 64 万年的上一次喷发中，它将 $1000km^3$ 的岩石物质抛洒进大气层，并留下了一座大小相当于整个黄石公园的破火山口。毫无疑问，这座超级火山肯定还会再次喷发，我们最关心的是它什么时候会喷发。

冒纳罗亚

盾状火山

美国夏威夷州

我们凝视的是地球上最大的活火山。在过去的几百万年中，冒纳罗亚火山自海底向上垂直堆积了 17km 高的熔岩。这就是它的主体部分，只有 9km 的高度露出地壳，其余部分则深深地嵌入地壳以下。作为一座盾状火山，冒纳罗亚火山与火星上巨大的奥林匹亚山属于同一类火山。

维苏威

层状火山

意大利

这片如今在图片上呈现出淡绿色的果园和葡萄园，曾经都是维苏威火山的杀戮场。自它在公元 79 年毁灭了庞贝和赫库兰尼姆以来，这座火山累计喷发了 30 余次。公元 472 年和 1631 年的两次喷发所制造的火山云甚至飘散到了君士坦丁堡的上空。它最后一次喷发是在 1944 年。至今，维苏威火山仍旧被认为是世界上最危险的火山之一。

樱岛

层状火山

日本九州

2.2 万年前，樱岛火山的前身通过不断的喷发和崩塌，将 20km 的陆地自日本南部海岸撕裂出来。在余烬之中，樱岛火山慢慢流出的熔岩在伤口处缓缓地凝结。樱岛火山已经成为地球上最活跃的火山之一。自 1995 年以来，它每年都要喷发 200 余次。

皮娜卡特

火山区

墨西哥

沙漠重新覆盖了深色的皮娜卡特火山区。如今，这里的火山已经进入休眠状态，很可能已经变成了死火山。这个区域拥有数以百计的火山口和火山锥，其中包括一种非常罕见的低平火山口。直径达1400m的火山口呈现出完美的圆形。炙热的岩浆上升时遇到了一团地下水，后者迅速蒸发，从而制造了图中这些密密麻麻的凹坑。

阿尔蒂普拉诺

火山群

智利与阿根廷

　　在安第斯山脉的峡谷中，2000 多座火山在 2km 厚的凝固熔岩上不断生长。假以时日，这些大量涌出的岩浆可以淹没整片山脉，并且铺满整个地球表面。约 6000 万 ~6800 万年前，印度德干暗色岩火山喷发出了大量的熔岩。如果将它们平铺在整个地球表面，其厚度可达 1m。

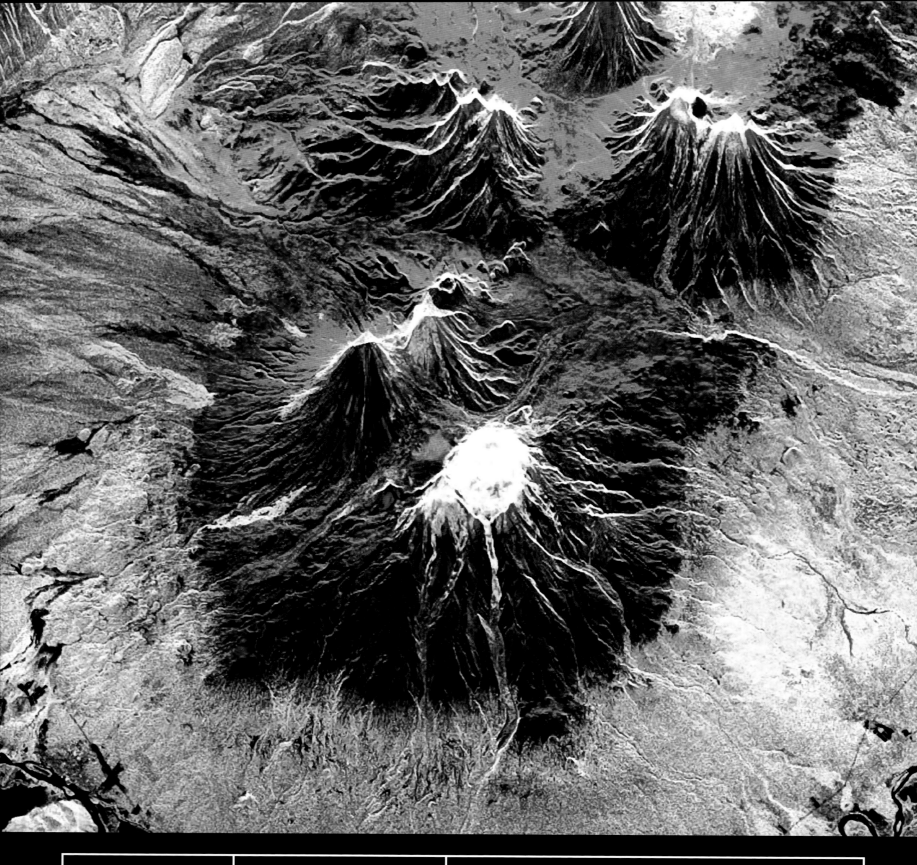

克柳切夫

层状火山

俄罗斯堪察加

　　克柳切夫火山只用了 6000 年的时间便生长到了 4835m 的高度。克柳切夫火山呈现出了完美的对称型火山锥，这使得它在众多兄弟姐妹中脱颖而出，成为层状火山的典型代表。在环太平洋火山地震带附近的 600 多座活火山中，克柳切夫火山是唯一一座诞生于地表之下数十千米处的火山。

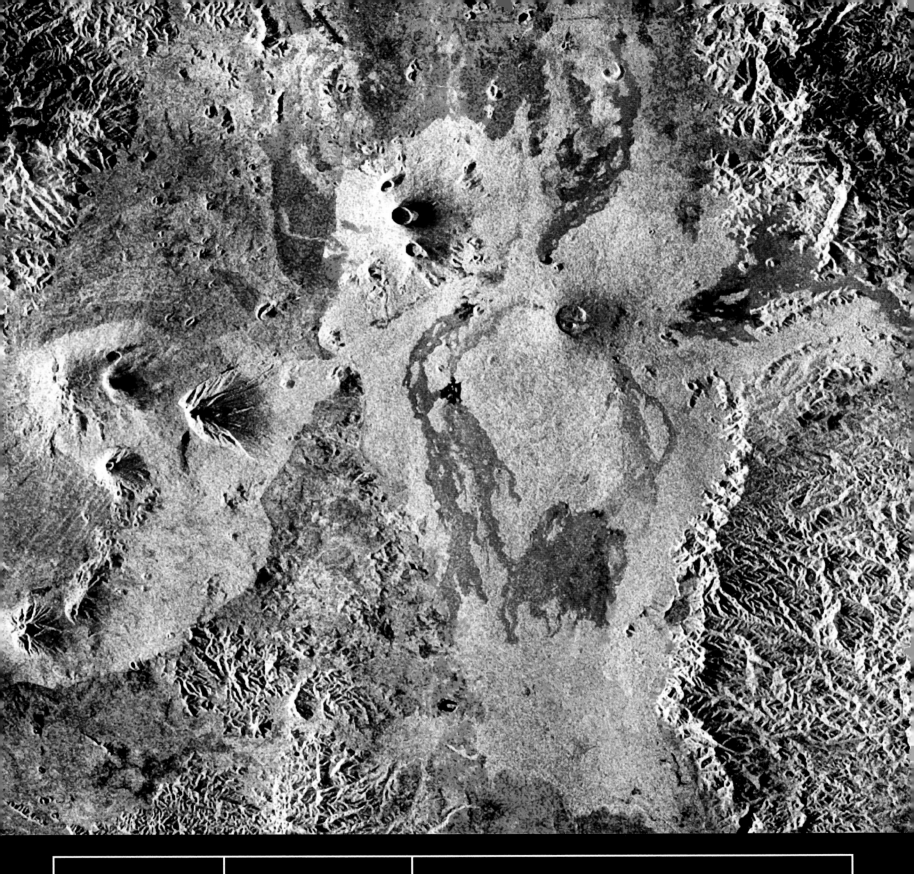

尼亚穆拉吉拉

盾状火山

民主刚果共和国

雷达图像可以穿过中非寒冷的山地丛林与弥漫其间的雾气，从而勾勒出尼亚穆拉吉拉山上遍布的火成岩和一群群盾状火山。这些活火山位于东非大裂谷的西侧。造就它们的力量与将非洲大陆一分为二的相同：都是由同一个地幔柱的上升所引起的板块构造。

迈波

层状火山

智利与阿根廷

迈波火山矗立在智利与阿根廷边界上，它诞生于由上一代火山喷发所留下的 15~20km 宽的破火山口。迈波火山用了 40 万年的时间将火山锥升到了 1900m 的高度。相比之下，起源于墨西哥玉米地的帕里库廷火山则要迅速得多，自 1942 年 2 月至今，它的火山锥已经增高到了 336m。

圣海伦斯

层状火山

美国华盛顿州

1980 年 5 月 18 日，圣海伦斯火山的对称轮廓被一场 2400 万吨当量的爆炸所摧毁，其横向冲击波将整个山峰削低了 400m，并将上面的树木移至 30km 以外。25 年后的今天，森林植被正在恢复。与此同时，火山也在慢慢复苏。在马蹄状的火山口中，一个新的山峰正在崛起：圣海伦斯火山很快就会恢复到原来的大小。

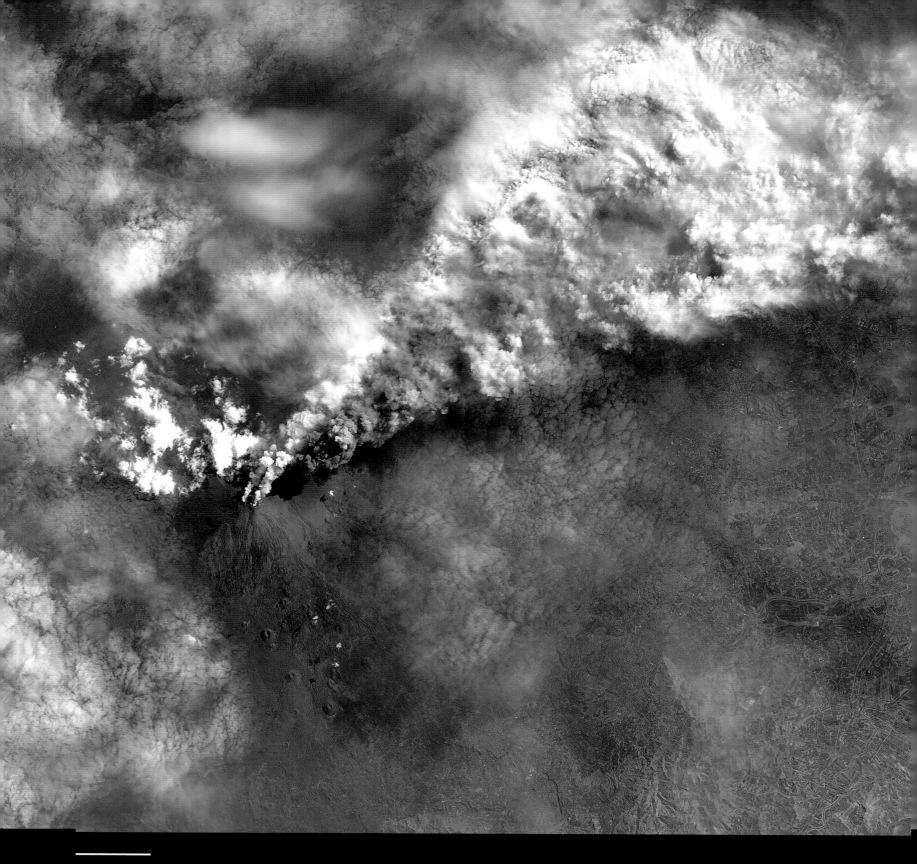

贝斯科特

森林大火

美国俄勒冈州

被 3 次独立的雷击点燃后，俄勒冈州的贝斯科特森林大火自 2002 年 7 月 13 日至 11 月 9 日，足足燃烧了 120 天，摧毁了近 2000 平方千米的森林。在最高峰期，有超过 7000 名消防队员和后勤保障人员投入与大火的搏斗。每年，美国都会因森林大火而损失 17000km^3 的森林。

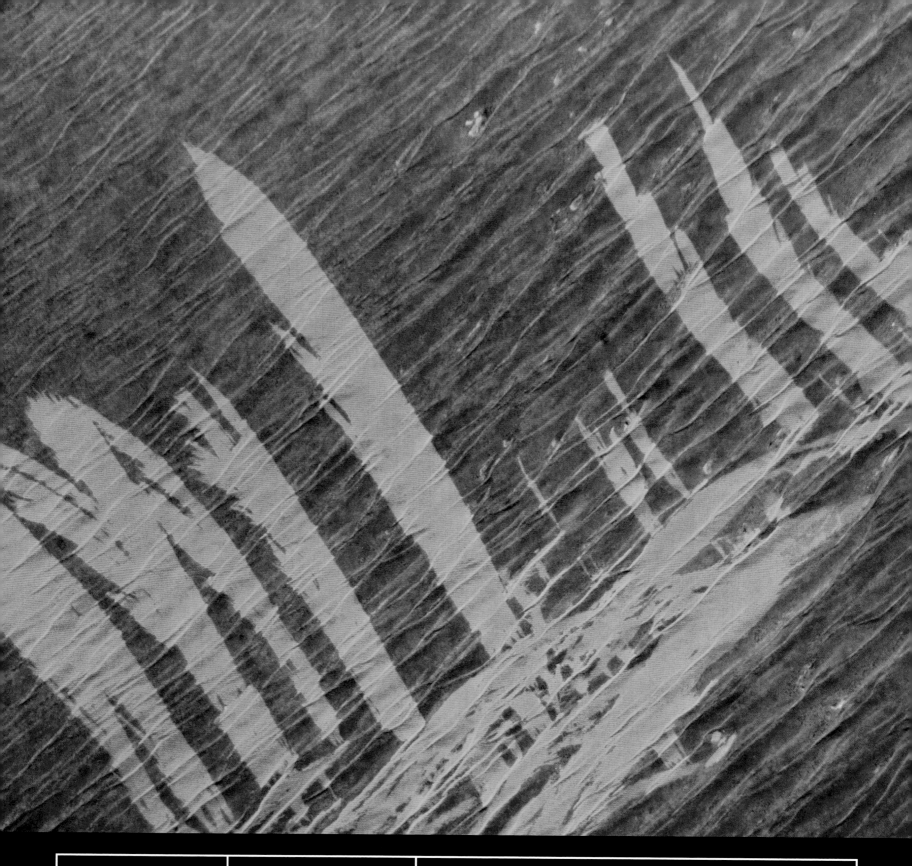

辛普森沙漠

火迹

澳大利亚北领地

稀薄的植被层被剥去后，新鲜的橘色沙砾便暴露了出来，它们像睫毛似的装饰着辛普森沙漠。这一切都在诉说这里曾经遭受的丛林大火。火最初在沙丘之间的沟中燃起，多变的风向驱动火势越过沙丘。随后火势减小，留下火苗在原地兀自燃烧。

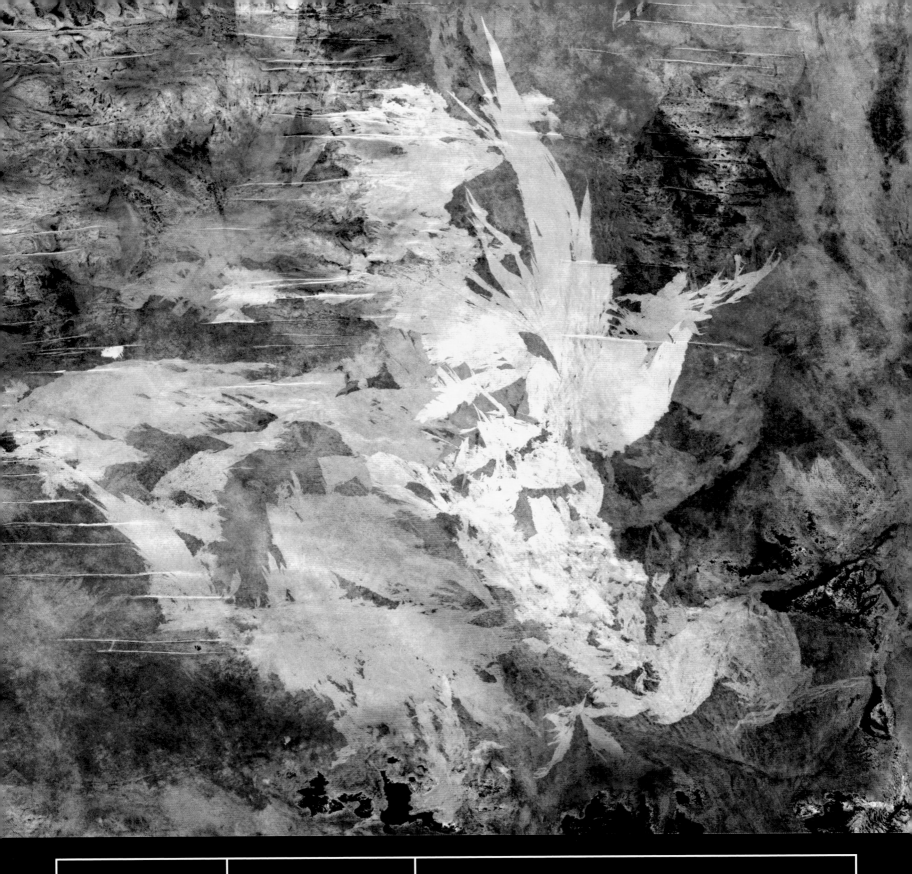

塔纳米沙漠

火迹

澳大利亚北领地

塔纳米沙漠上金色的火迹像勋章一样铺展开来。在如此干旱的环境下，火已经成为整个生态系统中与水和阳光同等重要的组成部分。原生植被的特性往往是"野火烧不尽，春风吹又生"。 实际上，许多植物都需要烟和热才能开花或发芽，有人甚至会主动地点燃树叶和含有油脂的桉树树皮。

奥卡万戈三角洲

大火

博茨瓦纳

在安哥拉南部烟瘴弥漫的大草原上，奥卡万戈河跨越博茨瓦纳边境，一去不复还地流向卡拉哈里沙漠。这场摧毁安哥拉南部的大火，最初只是农民清理牲畜用地时点燃的小火苗——但是之后它却在大草原上形成了燎原之势：这一地区独具特色的牧场——以马赛克式分布的一块块灌木丛和草地——为火势蔓延提供了便利。

油田

美国德克萨斯州

这片干旱的土地上共存着两片丛林。第一片丛林是由栎树组成的矮树丛，它们的高度往往不超过 1m；然而为了寻找水分，其根系往往能在土壤中延伸 30m。第二片丛林则由整齐排列的钻井组成。为了寻找蕴藏在地下的化石能源，它们向地壳的更深处挖掘。

退化的湿地

伊拉克

这里曾经是伊甸园的原型。这片位于底格里斯河与幼发拉底河交汇处的湿地区域，被认为是创作圣经的灵感来源。1995 年，这里被人为地排干、污染和截断。萨达姆下令在这里挖掘了一条运河，即萨达姆河。

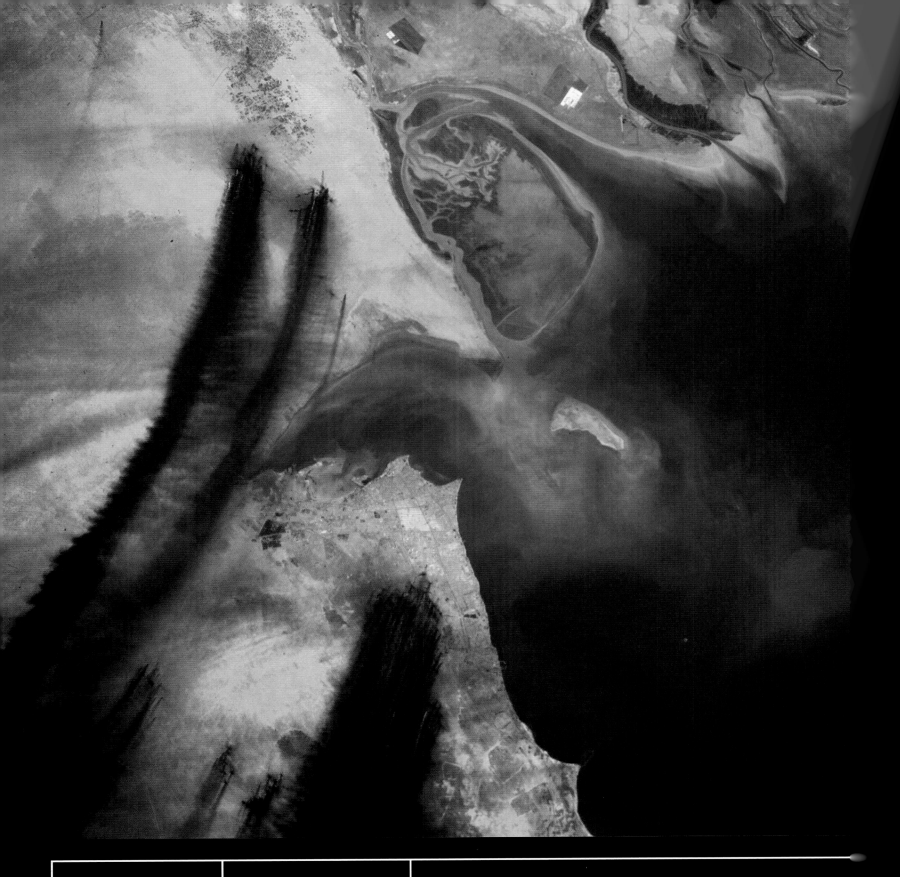

油田大火

科威特

在第一次海湾战争的最后阶段，伊拉克军队在从科威特撤退前点燃了600多口油井。在接下来的7个月里，10亿桶原油在熊熊大火中付之一炬。尽管黑色的油性雨滴一直飘散到了阿富汗，但是伊拉克独裁者在如此严重的生态后果面前仍旧坚持其焦土政策，一意孤行。

奥隆加

陨星坑

乍得

曾经有一阵密集的冰块、岩石和金属砸向地球。在过去的 10 亿年里，造成直径达 1km 以上的陨星坑的撞击有 13 万次之多。更巨大的撞击——比如这个蚀刻在撒哈拉沙漠的同心圆形疤痕——则远没有那么频繁。不过，从统计学角度来说，如此巨大的撞击，其发生的概率几百万年一遇。

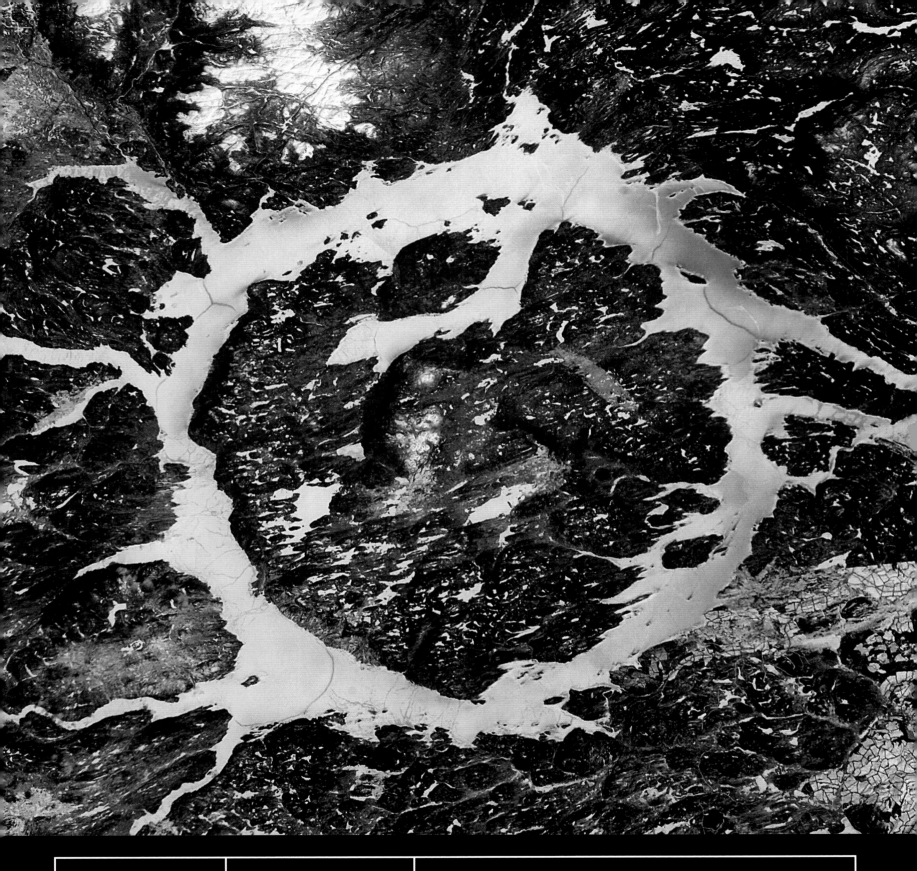

马尼夸根

陨星坑

加拿大魁北克省

马尼夸根陨星坑的周长为 72km，其边缘处剥蚀着一层层的冰盖。这是 2.12 亿年前发生的一场 4000 万吨当量爆炸的产物。撞击发出了巨大的热量，陨星坑中心融化的岩石在几千年后才完全凝固。一些研究者认为，这次撞击导致了一场全球性的灾难，60% 的物种由此灭绝。

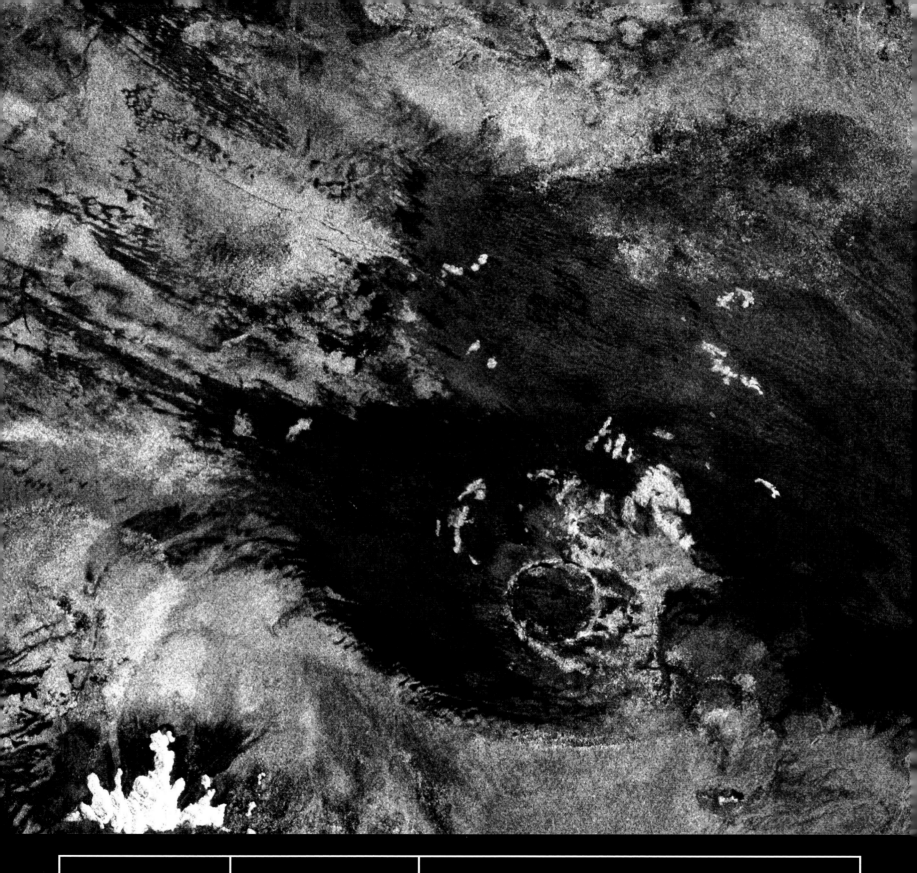

洛特·卡姆

陨星坑

纳米比亚

洛特·卡姆陨星坑形成于 500 万年前，它的外形可谓其貌不扬：直径为 2.5km，深 130m。由于它的一半埋在风化的沙石之下，我们通过肉眼观测只能隐约地看到陨星坑顶部的一圈破碎结构。但是在微波成像图片上，我们可以清楚地看到蓝色的岩石在 2 亿吨当量的撞击爆炸之下，向四周飞溅喷射。

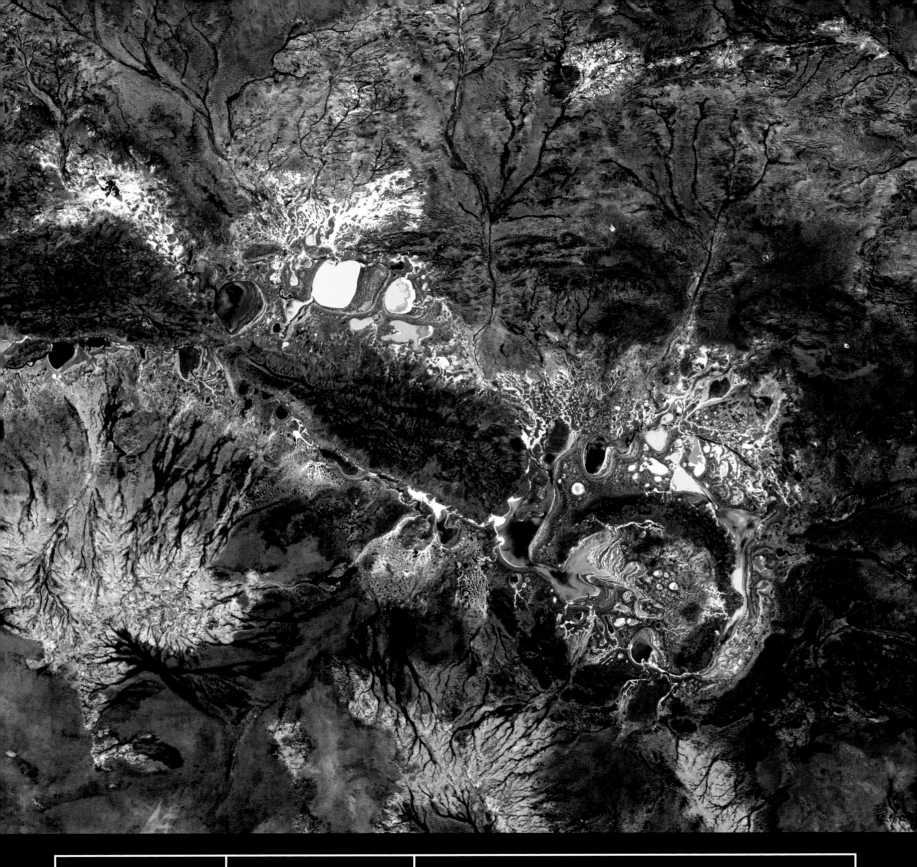

舒梅克

陨星坑

西澳大利亚

　　地球自愈表面伤痕的能力是惊人的：雨水的冲刷、风力的侵蚀和地质构造运动，这些都加速着从地表抹去陨石撞击的疤痕。但即使历经了17亿年风雨水火的洗礼，舒梅克陨星坑在地表留下的痕迹仍旧难以磨灭。这个直径30km的陨星坑凹陷处，如今被一座充满了五光十色的结晶体的盐湖占据。

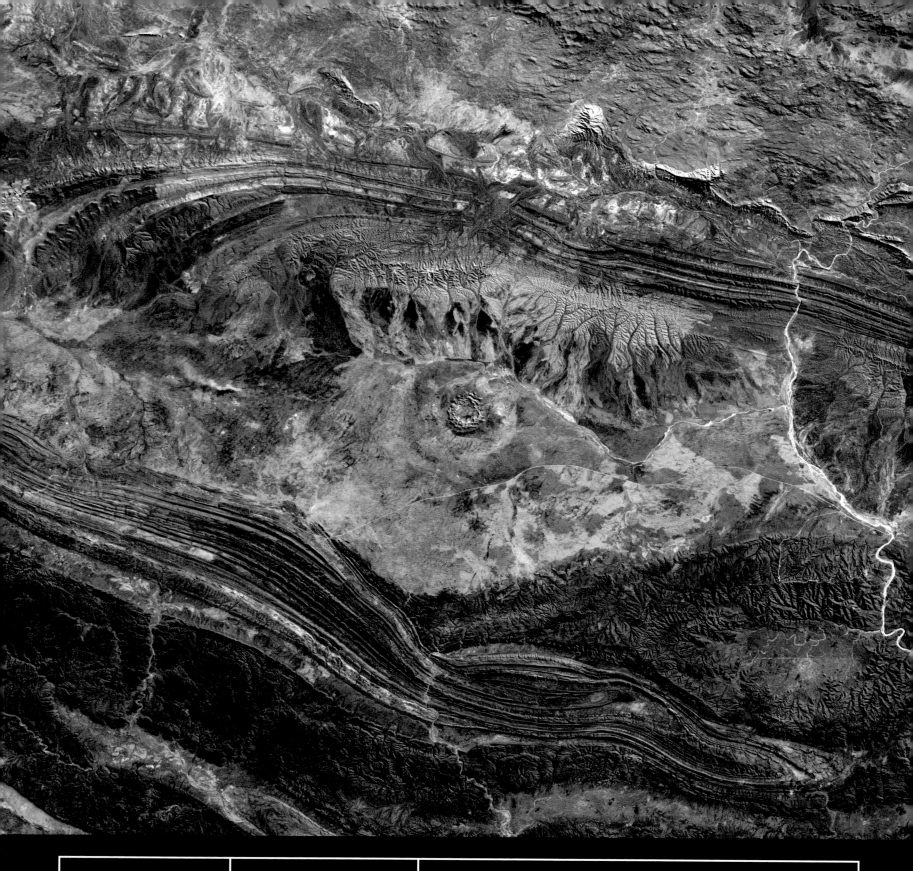

戈斯峭壁

陨星坑

澳大利亚北领地

1.42亿年以来，戈斯峭壁陨星坑就像一只眼睛一样，直勾勾地盯着天空。实际上，这只从不眨动的"眼睛"是由一枚直径约为1km的天外来客，以14.4万千米／小时的速度在地球表面撞击出来的。随后引发的2000亿吨的爆炸冲击波制造了一个直径为24km、深达4km的巨大陨星坑。

托克帕拉

露天矿

秘鲁

　　在安第斯山脉上空升腾的干热风中，托克帕拉铜矿——这座人类有史以来最大的建筑工程之一——是诸多地表坑洞中的新成员。矿坑的最宽处达 6.5km，深度超过 3km。至今，人们已经从中开采出近 1000 亿吨的矿石了。

埃斯孔迪达

露天矿

智利

由于地球板块的碰撞，大部分贵重金属元素都富集到一起，进而被挤压进大山的岩层之中。然而在安第斯山中，埃斯孔迪达矿坑的地表附近就有大量的金、银和铜矿石。用肉眼望去，阿塔卡马沙漠仿佛试图在其条纹状的焦土之下隐藏这些宝藏。然而，我们只需把成像波段向红外端移动少许就可以看到完全不一样的景象。

吴哥窟

遗址

柬埔寨

通过电磁波段的深入扫描，卫星的"全视眼"发现了很多在地面观察所无法看到的事物。当吴哥窟在 15 世纪被遗弃，直至为周围丛林所淹没时，它已雄踞高棉帝国的中枢长达 400 年之久。如今，考古学家正试图借助红外成像和雷达数据来揭开这座城市的神秘面纱。

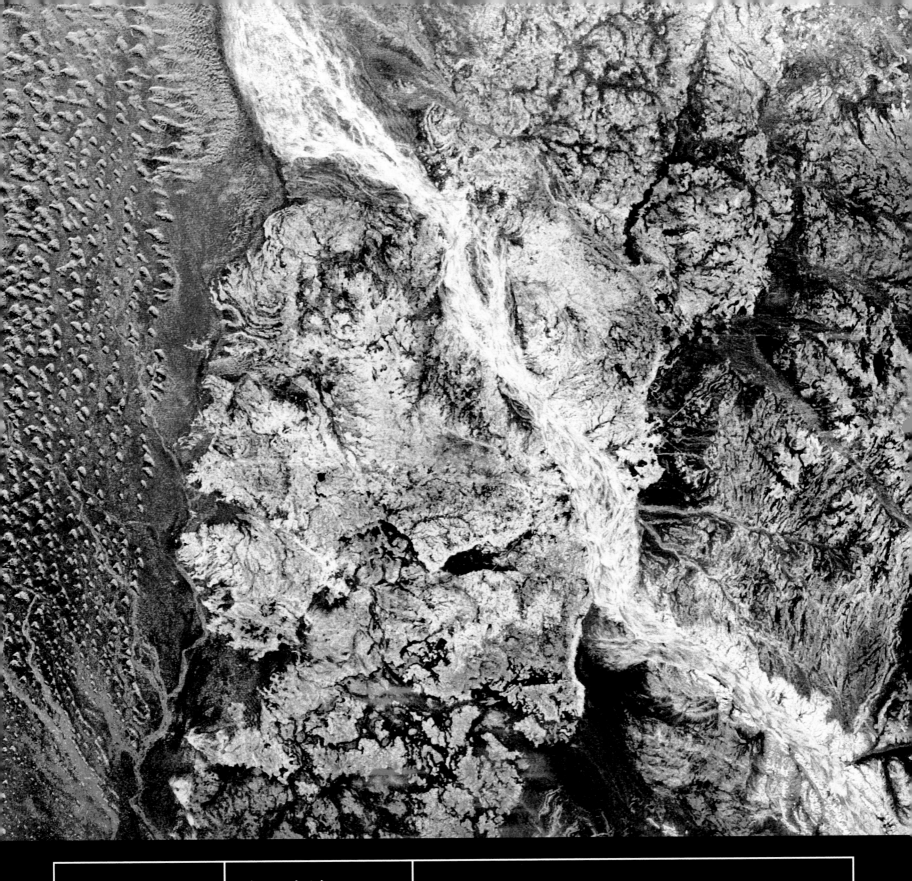

尤巴古城

遗址

阿曼

在鲁卜哈利沙漠的边缘地带，尤巴古城繁衍生息了3000年。但是在公元300年时，它突然从历史中消失了，仿佛在一夜之间被滚滚黄沙湮没。直到1992年，轨道雷达探测器发现了沙粒掩盖之下的城市街道路网。在长达3000年的时间里，络绎不绝的商队在这些繁忙的道路上来往贸易。在这里，条条大路通向的不是罗马，而是尤巴城。

亚马孙

被砍伐的雨林

玻利维亚

今天的亚马孙雨林正在加速退化。100 年以后，它或许将不复存在。伐木工开出的锯齿状路径深入丛林之中，大牧场主为牲畜开辟出大片空地。这些辐射状的痕迹标志着农田和牧场的出现。这片人类从未踏足过的处女地正在以每年 5 万平方千米的速度消失。

农田

哈萨克斯坦

网格中星罗密植的树木保护着哈萨克斯坦，它们使其地表宝贵的土壤不被风力所侵蚀。冬季的积雪凸显了这一景象。仅仅用了1万年时间，农业用地就覆盖了地球陆地超过三分之一的面积，农业活动为人类文明的全球化扩张提供了持续而又充足的原始燃料：毫无疑问，人类活动给这颗星球带来的冲击像流星一样迅疾，又像火山一样猛烈。

拉斯维加斯

城市

美国内华达州

欢迎来到传说中的拉斯维加斯！这是一座炫耀与暴富的城市，浮夸的过度消费随处可见。在这幅通过近红外视角拍摄的图像中，随处可见的草坪和高尔夫球场甚至使拉斯维加斯大道上的霓虹灯都相形见绌了。这个全美发展最快的大都会，这片冷酷的绿洲，就如水华一样在沙漠中扩张。

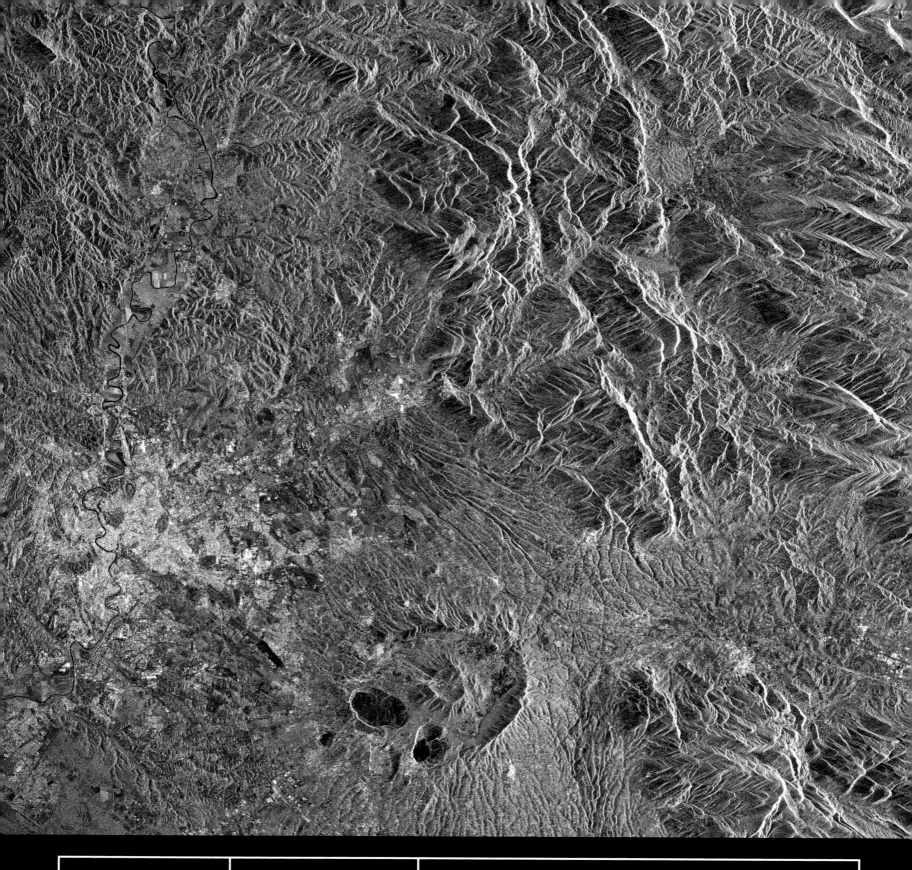

罗马

城市

意大利

在一群火山的环抱之中，罗马——这座永恒之城已经在此矗立了3000年。它周围的这些火山，其年龄也不过比此稍大一些而已。在鼎盛时期，罗马一度是世界上最大的城市，统治着全世界四分之一的人口。但是大城市的消耗量也像飓风一般惊人——没有大量的补给，它注定会崩溃。所以当滋养罗马帝国的泉水向东迁移之时，罗马城也就没落了。

悉尼

城市

澳洲新南威尔士

雷达成像中的悉尼散发着别样的光辉：金色和蓝绿色标示出城市扩展的步伐，摩天大楼闪耀着白色的光芒。如今，全球将近一半的人口都集中在城市中。在未来的 10 年里，这一比例将达到 60%。大都市的居民就生活在这些混凝土建筑中，这些钢筋水泥丛林左右了他们的生存环境，在一定程度上，它们甚至还会影响天气系统。

城市之光

夜幕下，城市之光暴露了人类在地球上的活动踪迹。随着人口的爆炸，城市也在加速膨胀。城市的万家灯火沿着海岸、河滨、铁路、公路以及行政边界蔓延开来，从而使地球在黑暗中闪着微光。作为一个物种，人类正在抛弃祖先的栖息地，用自己的智慧和双手创造属于自己的居住环境。

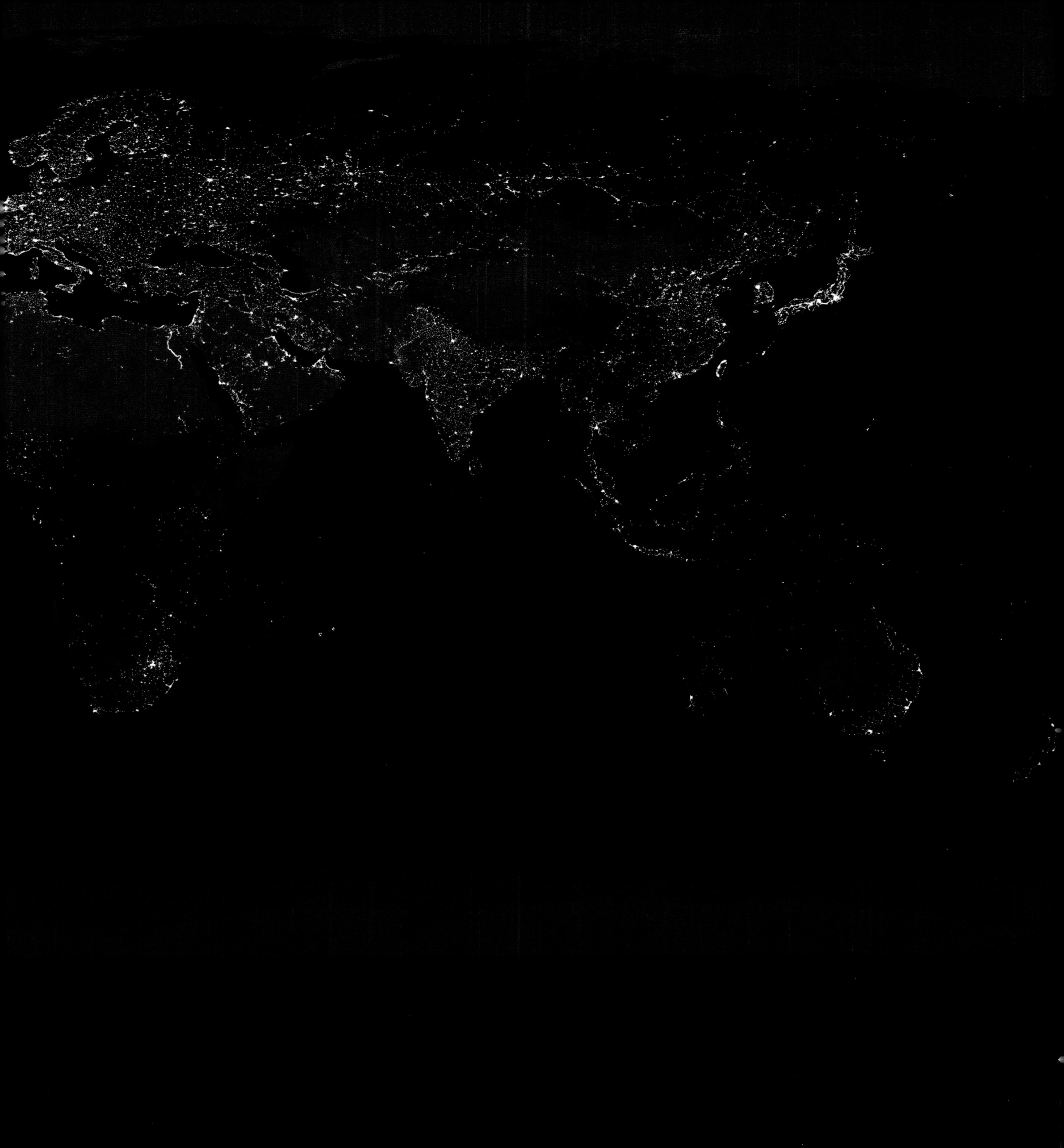

术语表

白垩纪

地质年代中中生代的最后一个纪，起始自距今 1.42 亿年至 6500 万年之间。

百万吨爆炸当量

相当于 1 百万吨 TNT 炸药爆炸时释放的能量。

板块

见"构造板块"词条。

板块构造学说

板块构造学说认为地壳是由于刚性板块互相之间的碰撞形成的，驱动这一过程的则是来自于地壳深处的热对流。这一学说构成了我们如今的地球地质学的核心观点，因为它几乎可以解释所有的板块间的运动与相互作用——山脉、褶皱、火山、地震、海沟、海洋中脊的构造和形成。

变质岩

火成岩、沉积岩或其他变质岩经过重结晶形成的一类岩石，过程中常常伴随着压缩、剪切应力、温度上升或化学变化。例子包括大理石（加热后的石灰岩）和板岩（压缩后的泥岩和粉砂岩）。

冰川

冰川，或称冰河，是指大量冰块堆积形成如同河川般的地理景观。冰川是地球上最大的淡水资源。

冰盖

指连续的冰川冰覆盖了 5 万平方千米以上陆地，因此也称作大陆冰川。目前仅有的冰盖是南极洲与格陵兰。在末次冰期的冰盛期，劳伦泰冰原覆盖了北美洲广大陆地。

冰河时期

地球地质纪元的循环是以冰河时期为特征的。地球曾经历过 4 个主要的冰河时期，如今仍旧能在南极洲与格陵兰岛上找到痕迹。从技术角度来说，我们现在正在享受着比 4000 万年前更加温暖的"插曲"。这样的插曲被称为"间冰期"，是 4 万年一遇的寒冷冰期的间隔。通俗来说，

本书中所提到的"冰河时期"是指距今最近的一个冰期，结束于大约 1 万年前。

冰帽

一块巨型的圆顶状冰，覆盖少于 5 万平方千米的陆地面积（一般常见于高原地区）。覆盖面积超过 5 万平方千米的叫做冰盖。

冰舌

由冰川的冰川冰沿着地表或冰面向雪线以下缓慢移动而形成。是冰河或山谷冰川的延伸部分，冰舌常常会伸入海洋或者湖泊中。

层积云

在低空出现的一种斑状或片状的灰白色云，是由于空气在上升时被高层暖空气阻断所形成的。

超大陆

由几块核心的大陆牢牢焊接在一起形成的超级大陆，例如欧亚大陆。大约每 2.5 亿年，在板块构造的驱动下，所有大陆都会重新聚集在一起形成一个全球性的超级大陆。

臭氧

相对于由两个氧原子构成的氧气分子，臭氧是氧的一种较为不稳定的同素异形体，由三个氧原子构成。平均来说，臭氧在大气当中的含量不到百万分之一——即使是在同温层当中，臭氧的含量也仅有十万分之一——然而正是这些臭氧，将太阳照射到地球上的紫外线在到达地面之前就几乎全部吸收掉了。紫外线辐射对于生物是非常有害的。

臭氧层空洞

在每年的八月下旬到十月初，南极大陆上方的平流层当中都会出现强烈的臭氧空洞。自 20 世纪 70 年代末到 80 年代初，这个空洞明显扩大了许多，这是人造氯氟烃大量排放的直接后果。

磁场

指受磁力——一种由电流中的电子移动所产生的现象——影响的区域。根据研究表明，地球磁场是由外层地核的液态金属的流动而形成的。

大气层

覆盖地球表面的气体总和，其中包括 78% 的

氮气、21% 的氧气，以及微量的水蒸气、氩气、二氧化碳、氖气、氦气、甲烷、氪气和氢气。大气层总共分为五个层级：对流层：自地球表面算起，在两极附近厚度约为 7km，在赤道地区则约为 17km。对流层的质量占整个大气层的 80%。大部分的天气现象都发生在对流层。

平流层：高度在 17km 至 50km 之间的区域。臭氧层就在平流层之中。

中气层：高度在 50km 至 80km 之间的区域。

电离层：高度在 80km 至 500km 之间的区域。

外气层：高度在 500km 以上的区域。大气层最上层的部分。

大气层的每个层次之间，以及大气层与外太空之间并没有精确的分界线。自地表上升，大概到达 1 万千米高的地方，大气层才会完全消失，由此便进入了真空地带。

大西洋中脊

大西洋当中的一连串海底山脉。这里的大洋地壳是由升起的岩浆热柱所形成。

等离子体

所谓"物质的第四态"，一种电子与离子构成的导电混合物。

低气压系统

大气中气压较邻近地区为低的地带。一般都呈螺旋状，是为气旋。在北半球低气压区域内的空气作逆时针方向旋转，在南半球则顺时针方向。偶尔也有一连串低压区连在一起，称为"低压槽"，因该区的大气压力比其两旁为低，所以称为槽，是为槽线取其陷下的意思。低压区一般都伴着云，或会有风、雨（通常雨势较大并夹杂着狂风雷暴）。

地层

沉积岩形成时产生的层状结构。

地核

地球最核心的部分，由外地核和内地核两部分组成。外地核在地面下 2900km 处，充斥着炽热的液态金属铁、镍及硫磺组成的湍流。据信，正是由于这些炽热液体的流动，导致了地球磁场的产生。地表以下 6400km 处是内地核，一个主要由铁与镍组成的实心球。其 4700℃ 的温度甚至比太阳表面还要炽热。现有证据表明，来自于埋藏于

内地核深处的一个直径约 8 千米的金属铀质球体，是这些热量的来源。这里的压强是地表大气压强的三百万倍；如果你刺透地表径直向地核穿行，那么你很有可能就会像一个气球一样被挤爆。正是这巨大的压强，使内地核能够维持固态形态。

地壳

严格来说就是地球固体外壳的最外层。目前公认有两种类型的地壳：大陆地壳和大洋地壳。大陆地壳厚约 20 至 70km，其主要成分为花岗岩，支撑着大陆的结构与边缘。大洋地壳相对来说会较薄一些，只有 5 至 10km 厚，主要成分为玄武岩，构成了地球的海洋深处。

地幔

在地球的地壳与外地核之间，填充着硅酸盐结构的岩石层。地幔深度约为 2900km，占据了地球总体积的约 84%。地幔总体分为两部分：上层地幔和下层地幔。上层地幔的最上缘是固体结构，并与地壳附着在一起。共同构成了地球的岩石圈，参与着板块构造运动。在岩石圈下方，是半塑性的软流圈，其对流环的缓慢搅动是板块构造运动的直接动力来源。在 200km 至 400km 的深度之间，我们就来到了下层地面，这里非常靠近外地核。这里的上边界温度为 1000℃，而在下边界则高达 3500℃。虽然这里的温度远远超过了地幔岩石的熔点，但在地表深处的强大压强面前，这些物质还是保持了固态形态。

地幔热柱

地幔热柱是侵入地壳当中的垂直岩浆结构。在大洋地壳中出现的地幔热柱，就是我们熟知的"热点"，在海洋板块的移动下，就会孕育出一系列岛屿或岛链，例如千岛群岛、夏威夷群岛。而如果出现在大陆地壳中，将会促发裂缝的产生，例如东非大裂谷。

地球

太阳系八大行星之一，按离太阳由近至远的次序排列为第三颗行星，也是太阳系中直径、质量和密度最大的类地行星。地球的赤道周长约为 40076 万千米，总质量为 5.9742×10^{24}kg，总体来说，地球 99% 的质量是由下列元素组成：铁、氧、硅、镁、镍、硫、钛、钙、铝。

地势

一个区域的地表起伏情况

地质构造

塑造地球地壳的力量（参见"板块构造学说"词条）。

电磁辐射

最为常见的电磁辐射形式就是可见光，但是可见光只是所有波段的电磁辐射中很窄的一部分。电磁辐射可按照频率分类，从高频率到低频率（亦即从高能量到低能量），可以分为高能伽马射线、X 射线、紫外线、可见光、红外线和微波和低能无线电波。

断层

指岩石破裂后，两侧岩石发生显著的相对位移。断层大小不等，大的断层可纵贯整个岩石圈，长度则可绵延几千千米。根据断层两侧岩体相对位移的方式，可以将断层分类为：倾向断层、斜向断层、走滑断层。

对流

对流是指流体内部的分子运动，是热传与质传的主要模式之一。热对流（亦称为对流传热）是三种主要热传方式中的一种（另外两种分别是热传导与热辐射）。地球的大气中，太阳辐射加热地球表面，热通过对流传给空气。当这一层空气从地球表面接收到足够的热，就会膨胀，密度减小，这样在浮力作用下上升。较冷的、沉的空气下沉被加热、膨胀上升。

对流圈

对流现象的一种组织单位。热物质随着高度上升逐渐冷却，到达较冷的区域，密度也就增加。因为它不能从下面上升的空气里下沉，所以只好移动到热空气的侧面下沉。当它到达下部时又被加热，重新回到对流环中。这些对流在局部会产生微风、风、暖流、气旋和雷暴，而大范围影响就会产生全球大气环流现象。

厄尔尼诺现象

一股暖流向东流经赤道附近的太平洋洋面，破坏了正常的海洋环流模式。但这种模式每 2～7 年被打乱一次，每次持续 1～2 年，厄尔尼诺现象导致美国的冬季寒冷多雨，欧洲的夏季炎热干燥，还加剧了非洲的干旱。

方山

在周围地貌中突兀地升起的平顶山丘。这类山丘的顶部通常覆盖有特别耐侵蚀的岩层。

俯冲

在这一过程中，一个构造板块被强行挤压向另一个构造板块下方，在与地幔柱的碰撞中粉身碎骨。这一过程常常伴随着山脉与火山的形成。

伽马射线

电能量最高的一种电磁辐射。

干谷

干涸的河床，只有在暴雨之后才会被重新灌满。

冈瓦纳大陆

上古时代的超级大陆，是今天非洲、南美洲、印度、阿拉伯半岛、澳大利亚、马达加斯加与新西兰陆地的祖先。6.5 亿年前它们曾连接在一起，在 1.6 亿年前开始分裂。

高空急流

高空急流是指在 12 至 20km 的高空中，由高速空气形成的"河流"。全球范围内的高空急流气团边界，造成了大气温度的显著差异：两个主要的气团分别盘踞在南北半球的极地区域，赤道两侧分布着两个小亚热带气团。高空急流的宽度可达 3km，可横跨几百千米的尺度，其核心区域风速可达每小时 400km。

沟渠

在海底边缘出现的深洼，是由一个构造板块俯冲到另一个构造板块之下形成的。

构造板块

作为岩石圈中广泛存在着的运动过程中的一个独立单元，是地球软流圈上端的一部分（参见"板块构造学说"词条）。

光

一种人类眼睛可见的电磁波（可见光谱），视觉就是对于光的知觉。光只是电磁波谱上的某一段频谱，一般是定义为波长介于 400 至 700nm 之间的电磁波，也就是波长比紫外线长，比红外线短的电磁波。有些资料来源定义的可见光的波长范围也有不同，较窄的有介于

...20 至 680nm，较宽的有介于 380 至 800nm。

光既是一种高频的电磁波，又是一种由称为光子的基本粒子组成的粒子流。因此光同时具有粒子性与波动性，或者说光具有"波粒二象性"。

红外线

红外线是电磁波谱中人的肉眼不可见的一部分，但却可以通过热量或热辐射感受到它的存在。

环礁

在火山口形成的半沉入水下的的环状珊瑚礁。火山爆发平息之后，熄灭的火山主体逐渐沉入水中。在其顶部生长的珊瑚逐渐积累成为珊瑚礁，并升出水面。最终，整座火山消失了，取而代之的是一个露出水面的环形小岛。

混沌

指确定性动力学系统（根据一组规则运行）因对初值敏感而表现出的不可预测的、类似随机性的运动。混沌系统的实际运行结果通常需要长期观察——例如气象——而无法对结果进行精确的预测，因为我们无法描述这个行星及其周围的每一个原子的位置与速度。"蝴蝶效应"是最常被用来举例的一种混沌：一只蝴蝶扇动翅膀所带动的微小气旋，通过混沌系统的传播，有可能在地球另一面引起一场飓风。需要注意的是，"混沌"作为科学术语不同于我们日常理解的含义：对于科学家来说，混沌并不等同于混乱，只是难以预测。

火成岩

火成岩是火山岩的起源，由岩浆结晶侵入地壳（形成侵入岩）或喷出地面（形成喷出岩）形成。最广为人知的火成岩例子就是花岗岩和玄武岩。

火山

岩浆从地球内部通过地壳时所形成的上升区域。火山主要分为两大类：盾状火山和层状火山。盾状火山拥有宽阔且平缓的倾斜两翼，主要由低粘度的熔岩流形成。地球上最大的火山，是位于夏威夷的莫纳罗亚火山。目前太阳系中已知最大的火山，则是火星上的奥林匹斯山。层状火山是由熔岩流和喷射岩浆共同组成的，高耸的锥形山。由于是一层层地升高，故此得名。典型的层状火山便是日本的富士山。所谓超级火山只是用来描述火山很大的流行化字眼。它们常常会有灾难性的爆发（喷射出无数的火山碎片影响范围达方圆

数十米），并遗留下一个巨大的火山口。美国的黄石国家公园中的湖泊以及印尼苏门答腊岛的多巴湖就是这样的火山口。火山通常坐落在俯冲带或地幔柱之上。

积雨云

一类垂直高耸可达 15km 的云，通常呈现出铁砧的形状。这类云往往携带着浓密的水汽——含水量超过 27.5 万吨。它的出现往往与以下这些恶劣天气联系在一起：大风、冰雹、闪电、龙卷风、飓风，当然还有大雨。

积云

一种典型的平底、低空、蓬松的云。积云形成于热空气的纵向上升，而积云的平底正是显示出了水蒸气凝结的边界。

极光

在高纬度的天空中，带电的高能粒子和高层大气中的原子碰撞造成的发光现象。带电粒子来自磁层和太阳风，它们被地球的磁场带进大气层。地球的磁场在两极地区最为强烈，这里的极光分别被称为南极光和北极光。

飓风

参见"台风"词条。

科里奥利效应

一种地球自转的力学衍生物。在这种效应的作用下，在地球北半球移动的物体会向右偏，而在南半球则会向左偏。这种效应在飓风和龙卷风等大气现象中也有所体现。

劳伦古陆

劳伦古陆是 30 亿年前的古大陆板块。形成了我们今天的北美洲核心地带、巴伦支海大陆架以及格陵兰岛。

雷达

一种通过发出微波脉冲并测听"回声"的主动探测系统。

裂谷

在平行断层之间形成的一段地壳下陷或凹槽（例如著名的东非大裂谷在某些地方的下陷深度达到了 10km）。正是在这里，板块构造的力量

开始将整块大陆撕裂。

盘古大陆

远古时代的一个全球性超级大陆。由冈瓦纳古陆、劳伦古陆、波罗的大陆以及西伯利亚在 3 亿年前组合而成，在 1.8 亿年前，随着大西洋的形成而开始四分五裂。

破火山口

破火山口通常是由于火山锥顶部因失去地下熔岩的支撑而崩塌所形成的，是一种比较特殊的火山口。

前寒武纪

最为古老的地质时期，开始于 45.7 亿年前的地球形成早期，结束于 5.4 亿年前的寒武纪。

潜热

将液态物质转化为气态（如水变成水蒸气）的热能。当水蒸气凝结为水，下降积累成为积雨云，甚至发展成为热带气旋时，这种能量就会被释放出来。

侵蚀

在风力、水流或冰川的作用下，地表的岩石与土壤被剥离的过程。在板块构造与侵蚀的共同作用下，地球的地貌在乏善可陈与千变万化之间互相演变。

热带气旋

热带气旋、飓风和台风，都是同一类大风暴家族的成员：以极低压系统为特征，风速超过 117km/h。根据出现地区的不同，它们会被冠以不同的名字：在西半球出现的叫做飓风，在东半球出现的叫做台风，印度洋上的叫做旋风。萨菲尔－辛普森飓风等级中，根据它们的最大持续风力进行了分级：1 类的最大风力最小，5 类则拥有最强的最大风力（能够超过 250km/h）。从结构上看，热带气旋拥有如下特征：一个漩涡状云系，雷暴强烈但却相对平静的中间区域，以及中心的极低气压。在高空水蒸气冷凝所释放出的热量驱动下，其瞬时最大风力可以达到 300km/h。在这样的情况下，热带气旋可以被视为一台巨大的垂直热机。热带气旋只能在较为温暖的洋面上生成（温度在 25.5℃以上，水深在 60m 以上）。纬度在 10 度

以上的地区，科里奥利效应才足以启动它们的旋转。一旦这雷暴轰鸣的引擎开始启动，它们将会持续运转下去，直到来到陆地或较为寒冷的洋面，由于失去动力来源才会逐渐熄灭。

熔岩

指火山喷发出来的熔化岩石（即岩浆），或这些岩石冷固之后的形成物。地球和其他一些类地行星的内核是由岩浆组成的。在地球中，使得岩石熔化的热力来自地热能。当火山喷发时，熔岩就会喷洒出来，最初温度可达 700 ~ 1200℃。它比水浓稠十万倍，但也可以蜿蜒流动，由于其触变性和剪切稀化的特性，之后会慢慢冷却凝固变成火成岩。

三角洲

即靠近河口或溪口的一片由沉积物逐渐积累形成的地势较低且平坦的地貌。在有些情况下，一条河流会形成一个内陆三角洲，在奔流入海前分叉成多个支流；这在已经退化的湖床上比较常见。

沙漠

主要是指地面完全被沙所覆盖、植物非常稀少、雨水稀少、空气干燥的荒芜地区。

沙丘

指一种在风力作用下沙粒堆积的地貌。以其结构为特征，可以将其分为几种特殊类型：新月形沙丘、脊状沙丘以及星状沙丘。每种沙丘类型可以以三种形式存在：单体、复合以及混合。单体沙丘的结构符合该类型的基本结构。复合沙丘是指同一类型的小沙丘叠加形成的大沙丘。混合沙丘是有两种或更多类型的沙丘组合而成，例如在一个新月形沙丘的波峰上叠加了一个星状沙丘。单体沙丘表明在其形成过程中风向及风力没有发生明显变化。复合沙丘表示形成时风的强度有所变化。而混合沙丘在形成时风力与风向都发生了改变。

深海

海洋中与海床相连的部分。

生物圈

生物圈是支持所有生物以及它们之间的关系的全球性生态系统。这其中包括生物与岩石圈、水圈与空气的相互作用。

水成岩

由于沉淀物积累而形成的一类岩石，包括砂岩、粉砂岩和石灰岩。

水圈

地球上所有的水构成的系统，包括所有的水体以及冰和大气层中的水蒸气。尽管地球表面的 71% 被水所覆盖着，但水圈的总质量只占地球质量的 0.023%。

台风

参见"热带气旋"词条。

微波辐射

一种电磁辐射，波长在 0.1 ~ 100cm 之间。

下坡风

沿着高山或冰川向下坡吹拂的寒风。

小行星

围绕太阳运行的小石块（其中较大者的直径可以超过 1000km）。其中绝大多数在木星与火星之间的小行星带中运行。但是不乏一些轨道与地球轨道相交的小行星，它们在未来有可能与地球相撞。

蓄水层

地表以下由多孔岩石构成的、可以涵养水分的岩层。

岩浆

熔化的岩石，通常位于地表之下的岩浆房中。岩浆是一种复杂的高温硅酸盐溶液，是各种火成岩的前身。岩浆可以侵入邻近的地壳岩石或是冒出地表。

岩石圈

岩石圈是地球的表层，薄而坚硬。岩石圈在软流圈之上，包含部分上部地幔和地壳。地壳在地幔之上，由莫氏不连续面作为分界。根据板块构造学说，岩石圈并非整体一块，而是由许多板块组成。

岩石循环

一系列能够自续发展的岩石转化活动，在这一过程中，火成岩、沉积岩和变质岩能够互相转化。火山活动创造出了地球表面的火成岩。侵蚀作用通过不断侵蚀岩石表面，从而形成沉积物。沉积物通过不断沉淀形成沉积岩。它们在深埋或其他压力的作用下，诱发质变。通过抬升作用或侵蚀作用，岩石离开地表，或是通过俯冲作用进入地幔——由此这一循环周而复始。板块构造与侵蚀作用，是整个岩石循环过程的双联发动机。

荧光反应

一种光致冷发光现象。当某种常温物质经某种波长的入射光（通常是紫外线或 X 射线）照射，吸收光能后进入激发态，并且立即退激发并发出出射光（通常波长比入射光的波长长，在可见光波段）；而且一旦停止入射光，发光现象也随之立即消失。具有这种性质的出射光就被称为荧光。

永冻带

永久封冻的土壤，出现于高纬度或高海拔环境中。

雨影

山的背风区域降水量通常会减少，这是由于空气在翻过山的时候失去了水分。

云

由可见的巨量的小水滴或小冰晶聚集起来，悬浮在大气层中形成的物体。空气上升后发生冷却，导致水蒸气凝结，于是就形成了云。依据云的高度和形状，我们通常把云分成不同种类。云的主要种类有：卷云、卷积云、卷层云、高积云、高层云、层云、积云、层积云、雨层云、积雨云。

陨星坑

小天体陨击行星或卫星表面后遗留下来的痕迹。

重力

又称万有引力，是指具有质量的物体之间相互吸引的作用，也是物体重量的来源。

紫外线

比紫色光波长更短的一种电磁辐射。

索引

p.1–5 all images Nicolas Cheetham; p.6 NASA; p.9 Image Analysis Laboratory/NASA Johnson Space Center/image: ISS009-E-22187; p.10 NASA/Roger Ressmeyer/Science Faction/image: STS065-71-46; p.13 Image Analysis Laboratory/NASA Johnson Space Center/image: STS091-711-28; p.15 Nicolas Cheetham; p.16 NASA/Goddard Space Flight Center; p.18 Image Analysis Laboratory/NASA Johnson Space Center/image: ISS004-E-8852; p.19 Image Analysis Laboratory/NASA Johnson Space Center/image: ISS010-E-8454; p.20 NASA/GSFC/METI/ERSDAC/JAROS and U.S./Japan ASTER Science Team; p.21 NASA/JPL; p.22 NASA Landsat Project Science Office and USGS National Center for EROS; p.23 NASA Landsat Project Science Office and USGS National Center for EROS; p.24 NASA/GSFC/METI/ERSDAC/JAROS and U.S./Japan ASTER Science Team; p.25 NASA/GSFC/METI/ERSDAC/JAROS and U.S./Japan ASTER Science Team; p.26 NASA Landsat Project Science Office and USGS National Center for EROS; p.27 NASA Landsat Project Science Office and USGS National Center for EROS; p.28 NASA Landsat Project Science Office and USGS National Center for EROS; p.29 NASA/GSFC/METI/ERSDAC/JAROS and U.S./Japan ASTER Science Team; p.30 NASA Landsat Project Science Office and USGS National Center for EROS; p.31 NASA Landsat Project Science Office and USGS National Center for EROS; p.32 NASA Landsat Project Science Office and USGS National Center for EROS; p.34 NASA/GSFC/METI/ERSDAC/JAROS and U.S./Japan ASTER Science Team; p.35 NASA Landsat Project Science Office and USGS National Center for EROS; p.36 NASA/GSFC/METI/ERSDAC/JAROS and U.S./Japan ASTER Science Team; p.37 NASA Landsat Project Science Office and USGS National Center for EROS; p.38 NASA/Roger Ressmeyer/Science Faction/image: STS040-152-180; p.40 ESA; p.41 NASA Landsat Project Science Office and USGS National Center for EROS; p.42 NASA/GSFC/METI/ERSDAC/JAROS and U.S./Japan ASTER Science Team; p.44 ESA; p.45 NASA Landsat Project Science Office and USGS National Center for EROS; p.46 NASA Landsat Project Science Office and USGS National Center for EROS; p.47 NASA/JPL; p.48 ESA; p.50 NASA/JPL; p.51 NASA/JPL; p.52 ESA; p.53 ESA; p.54 NASA/GSFC/METI/ERSDAC/JAROS and U.S./Japan ASTER Science Team; p.55 NASA/JPL/NIMA; p.56 ESA/GP/JPL; p.57 GFZ Potsdam/JPL/NASA; p.59 Nicolas Cheetham; p.60 NASA/GSFC/METI/ERSDAC/JAROS and U.S./Japan ASTER Science Team; p.62 Jacques Descloitres, MODIS Land Rapid Response Team, NASA/GSFC; p.64 ESA; p.65 ESA; p.66 NASA Landsat Project Science Office and USGS National Center for EROS; p.67 NASA Landsat Project Science Office and USGS National Center for EROS; p.68 NASA/GSFC/METI/ERSDAC/JAROS and U.S./Japan ASTER Science Team; p.69 NASA/GSFC/METI/ERSDAC/JAROS and U.S./Japan ASTER Science Team; p.70 ESA; p.72 ESA; p.73 Image Analysis Laboratory/NASA Johnson Space Center/image: STS032-96-32; p.74 NASA Landsat Project Science Office and USGS National Center for EROS; p.76 NASA Landsat Project Science Office and USGS National Center for EROS; p.77 ESA; p.78 NASA/GSFC/METI/ERSDAC/JAROS and U.S./Japan ASTER Science Team; p.79 NASA Landsat Project Science Office and USGS National Center for EROS; p.80 NASA/GSFC/METI/ERSDAC/JAROS and U.S./Japan ASTER Science Team; p.81 Image Analysis Laboratory/NASA Johnson Space Center/image: STS099-706-90; p.82 Image Analysis Laboratory/NASA Johnson Space Center/image: NM23-739-93; p.83 Image Analysis Laboratory/NASA Johnson Space Center/image: STS061-075-022; p.84 Jacques Descloitres, MODIS Land Rapid Response Team at NASA/GSFC; p.85 Jacques Descloitres, MODIS Land Rapid Response Team, NASA/GSFC; p.86 NASA/GSFC/METI/ERSDAC/JAROS and U.S./Japan ASTER Science Team; p.87 NASA Landsat Project Science Office and USGS National Center for EROS; p.88 Image Analysis Laboratory/NASA Johnson Space Center/image: STS078-747-81; p.89 Image Analysis Laboratory/NASA Johnson Space Center/image: STS51A-45-44; p.90 NASA/GSFC/METI/ERSDAC/JAROS and U.S./Japan ASTER Science Team; p.91 NASA Landsat Project Science Office and USGS National Center for EROS; p.92 ESA; p.93 ESA; p.94 Jeffrey Kargel, USGS/NASA JPL/AGU; p.96 NASA Landsat Project Science Office and USGS National Center for EROS; p.97 NASA Landsat Project Science Office and USGS National Center for EROS; p.98 NASA Landsat Project Science Office and USGS National Center for EROS; p.99 NASA Landsat Project Science Office and USGS National Center for EROS; p.100 Robert Simmon, based on data provided by the NASA GSFC Oceans and Ice Branch and the Landsat 7 Science Team; p.101 NASA/GSFC/METI/ERSDAC/JAROS and the U.S./Japan ASTER Science Team; p.102 NASA/JPL; p.103 ESA; p.104 NASA/JPL; p.105 Bob Evans, Peter Minnet at the University of Miami, NASA; p.107 Nicolas Cheetham; p.108 Image Analysis Laboratory/NASA Johnson Space Center/image: p.110 F. Hasler et al., (NASA/GSFC) and The GOES Project; p.111 R.B. Husar, Washington University – the land layer from the SeaWiFS Project, fire maps from the European Space Agency, sea surface temperature from the Naval Oceanographic Office's Visualization Laboratory; and cloud layer from SSEC, U. of Wisconsin; p.112 Jeff Schmaltz, MODIS Rapid Response Team, NASA/GSFC; p.113 Jacques Descloitres, MODIS Rapid Response Team, NASA/GSFC; p.114 Image Analysis Laboratory/NASA Johnson Space Center/image: STS41B-41-2347; p.115 Image Analysis Laboratory/NASA Johnson Space Center/image: ISS006-E-11101; p.116 Jacques Descloitres, MODIS Land Rapid Response Team at NASA GSFC; p.117 Jeff Schmaltz, MODIS Rapid Response Team, NASA/GSFC; p.118 Jacques Descloitres, MODIS Rapid Response Team, NASA GSFC; p.119 Jacques Descloitres, MODIS Rapid Response Team, NASA/GSFC; p.120 Jacques Descloitres, MODIS Rapid Response Team, NASA/GSFC; p.121 Jeff Schmaltz, MODIS Rapid Response Team, NASA/GSFC; p.122 Image Analysis Laboratory/NASA Johnson Space Center/image: ISS009-E-20645; p.123 Jacques Descloitres, MODIS Land Rapid Response Team at NASA GSFC; p.124 NASA Landsat Project Science Office and USGS National Center for EROS; p.125 NASA Landsat Project Science Office and USGS National Center for EROS; p.126 ESA (Image processed by Brockmann Consult); p.127 NASA Landsat Project Science Office and USGS National Center for EROS; p.128 NASA Landsat Project Science Office and USGS National Center for EROS; p.130 NASA/GSFC/METI/ERSDAC/JAROS and U.S./Japan ASTER Science Team; p.131 Image Analysis Laboratory/NASA Johnson Space Center/image: STS101-707-60; p.132 NASA Landsat Project Science Office and USGS National Center for EROS; p.134 NASA/GSFC/METI/ERSDAC/JAROS and U.S./Japan ASTER Science Team; p.135 NASA Landsat Project Science Office and USGS National Center for EROS; p.136 Image Analysis Laboratory/NASA Johnson Space Center/image: ISS010-E-13539; p.137 Image Analysis Laboratory/NASA Johnson Space Center/image: ISS005-E-16469; p.138 Image Analysis Laboratory/NASA Johnson Space Center/image: ISS007-E-15177; p.139 Image Analysis Laboratory/NASA Johnson Space Center/image: STS044-81-55; p.140 Jacques Descloitres, MODIS Rapid Response Team, NASA/GSFC; p.141 Jacques Descloitres, MODIS Land Rapid Response Team, NASA/GSFC; p.142 Image Analysis Laboratory/NASA Johnson Space Center/image: ISS006-E-41626; p.144 Fritz Hasler and Hal Pierce/NASA/Goddard Space Flight Centre; p.145 Dirk Petry (GLAST Science Support Center), EUD, EGRET, NASA; p.147 Nicolas Cheetham; p.148 NASA/GSFC/METI/ERSDAC/JAROS and U.S./Japan ASTER Science Team; p.149 NASA/GSFC/METI/ERSDAC/JAROS and U.S./Japan ASTER Science Team; p.150 NASA/GSFC/METI/ERSDAC/JAROS and U.S./Japan ASTER Science Team; p.151 NASA/JPL; p.152 ESA; p.153 NASA/JPL; p.154 NASA Landsat Project Science Office and USGS National Center for EROS; p.155 NASA Landsat Project Science Office and USGS National Center for EROS; p.156 NASA/JPL; p.157 NASA/JPL; p.158 Image Analysis Laboratory/NASA Johnson Space Center/image: ISS009-E-22625; p.159 NASA/GSFC/METI/ERSDAC/JAROS and U.S./Japan ASTER Science Team; p.160 NASA/GSFC/METI/ERSDAC/JAROS and U.S./Japan ASTER Science Team; p.161 NASA/GSFC/METI/ERSDAC/JAROS and U.S./Japan ASTER Science Team; p.162 Image Analysis Laboratory/NASA Johnson Space Center/image: ISS005-E-21295; p.163 NASA Landsat Project Science Office and USGS National Center for EROS; p.164 Image Analysis Laboratory/NASA Johnson Space Center/image: STS043-151-32; p.165 Image Analysis Laboratory/NASA Johnson Space Center/image: STS060-83-31; p.166 NASA Landsat Project Science Office and USGS National Center for EROS; p.167 Image Analysis Laboratory/NASA Johnson Space Center/image: STS037-152-91; p.168 NASA/JPL; p.169 Image Analysis Laboratory/NASA Johnson Space Center/image: ISS006-E-47703; p.170 NASA/JPL; p.171 NASA Landsat Project Science Office and USGS National Center for EROS; p.172 NASA Landsat Project Science Office and USGS National Center for EROS; p.173 Image Analysis Laboratory/NASA Johnson Space Center/image: ISS007-E-15222; p.174 NASA/GSFC/METI/ERSDAC/JAROS and U.S./Japan ASTER Science Team; p.175 NASA/GSFC/METI/ERSDAC/JAROS and U.S./Japan ASTER Science Team; p.176 Jesse Allen, Earth Observatory, using data provided courstesy of NASA/GSFC/METI/ERSDAC/JAROS, and the U.S./Japan ASTER Science Team; p.177 NASA/JPL; p.178 NASA Landsat Project Science Office and USGS National Center for EROS; p.179 NASA Landsat Project Science Office and USGS National Center for EROS; p.180 NASA Landsat Project Science Office and USGS National Center for EROS; p.181 NASA/GSFC/METI/ERSDAC/JAROS and U.S./Japan ASTER Science Team; p.182 ESA; p.183 NASA/JPL; p.184 Marc Imhoff of NASA GSFC and Christopher Elvidge of NOAA NGDC. Image by Craig Mayhew and Robert Simmon, NASA/GSFC.